AI智能体
实操指南

Coze Agent 从搭建到落地全攻略

陈灵军 沈浙湘 王杰 著

电子工业出版社

Publishing House of Electronics Industry

北京·BEIJING

图书在版编目（CIP）数据

AI 智能体实操指南 ：Coze Agent 从搭建到落地全攻
略 / 陈灵军，沈浙湘，王杰著. -- 北京 ：电子工业出
版社，2025. 9（2025.10重印）. -- ISBN 978-7-121-50886-8

Ⅰ . TP18-62

中国国家版本馆 CIP 数据核字第 2025VB0462 号

责任编辑：滕亚帆
印　　刷：三河市双峰印刷装订有限公司
装　　订：三河市双峰印刷装订有限公司
出版发行：电子工业出版社
　　　　　北京市海淀区万寿路 173 信箱　　　　　　邮编：100036
开　　本：720×1000　1/16　　印张：16.25　　　字数：260 千字
版　　次：2025 年 9 月第 1 版
印　　次：2025 年 10 月第 3 次印刷
定　　价：79.80 元

凡所购买电子工业出版社图书有缺损问题，请向购买书店调换。若书店售缺，请与本社发
行部联系，联系及邮购电话：（010）88254888，88258888。
质量投诉请发邮件至 zlts@phei.com.cn，盗版侵权举报请发邮件至 dbqq@phei.com.cn。
本书咨询联系方式：faq@phei.com.cn。

推荐序一
躬身入局者，方见未来之光

——

陈灵军、沈浙湘和王杰三位作者，从我的角度来看，有几个共同点：他们都是浙江大学 MBA，他们都是 AI 产业的创业者，他们也都是我所创办的领学（领导力学习和实践）平台的合作伙伴。2025 年春节期间，我邀请灵军给领学平台的伙伴在线上做了一场 DeepSeek 的技术分享会，并快速成立了五个 AI 推进小组，每个小组由 10 位伙伴构成，分别由创业者、专业人士和 AI 兴趣者组成。我的一个目标是，让领学平台的每个伙伴都了解 AI，三位作者也都作为专业人士来参与，我想这可能也是他们团队共创成为"技术布道者"的契机。

这次他们的新书出版，嘱我做序，我很高兴地应允。

整本书通读下来，他们用通俗易懂的语言，介绍了智能体的"大脑"

（大语言模型）、"指令"（提示词）、"工具"（插件）、"能力"（工作流），以及"知识储备"（知识库）等知识，并手把手地指导搭建了十个不同场景下的应用智能体。我认为这是一本符合当下需求的"操作手册"，以"零代码"的实践路径，消弭了技术鸿沟，会给小白读者带来直接的帮助，我自己也在 2025 年 5 月利用智谱平台搭建了"小领：领学平台助手"和"郭峻峰赋能领导力"两个智能体，非常高效快速，效果也不错。

2025 年被称为"智能体的元年"，也期待这本书能够给读者带来切实的帮助。

二

"一万小时定律"，大家耳熟能详，该定律认为：人们眼中的天才之所以卓越非凡，并非天资超人一等，而是付出了持续不断的努力。一万小时的锤炼是任何人从平凡变成世界级大师的必要条件。

我自己扩展了"一千小时定律"和"一百小时定律"。

所谓"一千小时定律"是指，通过持续学习某种知识或技能一千小时，相当于连续三年每天坚持一小时的学习和锻炼，你可以称为准专业人士；而"一百小时定律"是指，如果你要学习一种新的知识或技能，你先要埋头学习和钻研一百小时，相当于一个月内每天三小时突击学习，或者在三个月内每天坚持学习一小时，你大概可以入门。

对我们每个人而言，我认为先要投入一百小时学习和钻研 AI，再投入一千小时学习和钻研 AI，这样才能在 AI 时代获得通向未来的车票。

很多次我在课上询问学员，有多少人已经学习和钻研了 AI 知识，举手的人永远寥寥无几。谁都相信 AI 很重要，但这种相信没有转化为学习的行动，这是我所担忧的。

三

若说人生是一场跨越时差的旅程，那么我们此刻正站在最微妙的节点上——过去与未来的交界处。

面对重大事件，我们往往高度关注短期影响，却低估长期变化。AI 应该就是这样的事件，在 AI 技术日新月异的今天，大模型正以惊人的速度迭代演进。AI 时代，一年的技术变迁，可能顶得上互联网时代的十年、工业文明时代的百年、农耕文明时代的千年。

在这种变化中，三位作者以行动诠释了"躬身入局"的勇气——在 AI 浪潮初起的时刻，他们选择不作旁观者，而是以"修炼者"的姿态，主动踏入这片混沌与希望交织的领域，成为"逐浪者"。学习 AI，不是为了追赶风口，而是为了让自己成为风口的一部分。

我相信，AI 一定会改变整个世界，但不会是暴风骤雨般的速度，会单方向以坚定的、明确的节奏从根本上重塑这个世界。而迎接未来最好的办法就是躬身入局，与不确定性共舞，去创造未来。

愿以此与三位作者及广大读者共勉。

郭峻峰
浙江大学管理学院实践教授

推荐序二

从 ChatGPT 横空出世，到国产大模型竞相涌现，再到智能体逐步飞入寻常百姓家，人机协作的场景，已从设想化为现实。面对这场技术革命，唯有深刻理解其本质、掌握其方法，才能不被潮水裹挟，从而乘势而上、扬帆远航。

然而，关于智能体的概念纷繁庞杂，学习者往往难以厘清其核心要义；平台众多又各具特色，亦使人难以快速入门，不知从何下手。在这样的背景下，欣闻沈浙湘等三位老师的新作即将付梓问世，我遂一睹为快。读罢全篇，深感作者团队功力所至，构思巧妙、用笔深沉，本书正是当前智能体领域不可多得的实用佳作。

沈老师是我多年挚友，亦是人工智能领域的资深实践者和思考者。多年来，她带领团队潜心研究，既关注技术发展前沿以赋能实体，更擅长将技术工具转化为可学可用的实操指南。此次，她集众人之智慧，沉淀经验，几经打磨，写就此书，可谓水到渠成，厚积薄发。

本书由浅入深，引导读者从了解智能体的工作原理到掌握构建方法。从基础认知到基座选型，从提示词设计到插件调用，从工作流编排到知识库构建，作者团队以细致入微之笔，描绘出一幅人工智能应用的完整画卷。此外，全书以 Coze 平台为主线，通过真实案例的实操演练，使读者不仅知其然，亦知其所以然，真正做到"读而能解，用而能成"。

在人工智能深刻重塑制造、金融、安防、交通、医疗等行业的今天，如何用好 AI 比了解 AI 多好多强更加重要。我相信，本书不仅可以作为高校教师、学生的入门与实训教材，还适合广大职场人士、创业团队、产品经理以及数字化转型探索者学习参考。在智能体即将引领下一轮技术革命之际，愿本书为更多读者开启智慧之门，助力每一个人拥抱智能时代。

是为序！

石向荣
杭州市人工智能学会理事
于杭州湖畔花园

推荐语

AI 时代呼啸而来，我们该如何应对这场变革？答案很简单——跟真正的高手同行。

灵军老师是我相识多年的挚友，也是国内最早一批深耕 AI 应用落地的实践者。早在 ChatGPT 掀起热潮之时，他就已经为数十家企业提供 AI 转型方案。去年我亲眼见证他帮助一家传统企业，用智能体将客服效率提升 300%，成本降低 50%。这种"真刀真枪"的实战经验，正是本书最大的价值所在。

本书延续了灵军老师一贯的"理论够用，实操为王"风格。书中没有晦涩难懂的术语堆砌，而是通过电商客服、会议纪要、儿童绘本等真实场景案例，手把手教读者搭建实用的 AI 助手。更难能可贵的是，书中所有案例都经过 Coze 平台验证，确保读者可以即学即用。

在这个人人都在谈论 AI 的时代，真正稀缺的是能把技术转化为生产力的能力。翻开这本书，就是踏上 AI 实战的第一站。

——柳昊
资深知识萃取专家、得到高研院上海/杭州校区原负责人

我真切感受到灵军不仅是智能体技术的一线实践者，更是愿意把复杂知识拆解给普通人看的布道者。这本书不是泛泛而谈的 AI 导论，而是一套真正有系统、有深度、有落地路径的实战手册。从 Coze 实操到智能体架构，从提示词设计到插件工作流，内容清晰、方法可复用，尤其适合正在创业、转型、实战的朋友阅读。推荐给"真想做出点儿 AI 成果"的你。

——大树
AI 访谈"大树 AI 创业圈"主理人

这本书不是停留在表面的小技巧手册，而是一份系统化的智能体实战宝典：从 Coze 到 GPTs，从人设打磨到插件集成，全都是作者多年实践的结晶。如果你真的想用智能体做出点儿成绩，强烈建议你读一读，它能让你少踩坑，少走很多弯路。

——王峰
华智新知人工智能科技研究院院长

作为一名视频创作者，面对 AI 技术的迅猛发展，我的心情既兴奋又忐忑——新技术带来了无限可能，但如何真正驾驭它却让人迷茫。直到遇见这本书，它让我明白：AI 再强大，终究是工具，而人类的创造力才是核心驱动力。

这本书从基础原理到实战技巧，系统性地拆解了 AI 在工作中的应用，即使是零基础读者也能快速上手。最惊喜的是，它不是枯燥的技术手册，而是结合真实案例，教你如何用 AI 激发灵感、突破创作瓶颈。现在，我和我的团队都在用 AI 协作办公，团队的工作效率提升了几倍，还能腾出更多时间专注创意本身。

这本书能为你打开新世界的大门——人不会因 AI 的飞速发展而被 AI 取代，而是会用 AI 创造更多可能！

——浙大曾 sir
自媒体从业者、全网千万粉丝博主

灵军老师是我 AI 方面的启蒙老师，我从 2023 年开始跟他学习 AI 应用。过去两年，我的工作效率大幅提升。智能体数字员工是未来的趋势，每个人都需要在 AI 时代学会如何和数字员工协作，灵军老师的这本新书实操性很强，一定会帮你提升效率，助力你一个人活成一支队伍。

——于振源
资深保险从业者、畅销书《勇往值钱》作者

科技向善，是科技工作者的技术信仰，是科技发展的时代底色。自工业革命以来，科学技术发展持续推动生产效率提高，为市场提供更优质的供给。AI时代也必将如此，AI技术大大提升了智力工作的效率，为人类释放大脑空间，进而辅助人类去思考更有价值的工作。

灵军老师是我接触到的最早一批投身于AI时代的科技布道者，通过言传身教向学员示范最新的技术工具，他的行动效率和学习能力，让我心生敬佩，特此推荐灵军的这本新书。

——刘超
《高效面试》作者

阅读是终身学习的经典方法，智能体是驾驭大模型的前沿路径。我相信书友们翻开这本书，便能与我们一同踏上 AI 时代的成长高速路。

——林凯
浙江大学 MBA 读书俱乐部负责人

前　言

欢迎来到 AI 智能体新时代!

在技术浪潮席卷全球的今天,人工智能不再是遥不可及的科幻概念,而是已经渗透到我们工作与生活每一个角落的强大助力。特别是以 ChatGPT、DeepSeek 为代表的生成式 AI 大语言模型,它们的出现极大地拓展了人类的认知边界,也为我们带来了前所未有的机遇与挑战。

你是否也曾惊叹于 AI 的智慧,渴望驾驭这股力量,让它成为提升个人效率、驱动业务创新的引擎?你是否也曾在众多 AI 工具面前感到眼花缭乱,不知从何入手才能真正搭建出属于自己的、能解决实际问题的 AI 智能体?

本书将以国内领先的 AI 智能体开发平台——Coze 和 Coze 空间为核心实操工具,旨在帮助毫无编程基础的 AI 爱好者、希望利用 AI 提升工作效率的职场人士、寻求智能化解决方案的产品经理与运营人员，以及所有对 AI 智能体充满好奇的学习者，通过阅读本书，系统掌握从零开始创建、配置、优化和部署 AI 智能体的全过程。

通过阅读本书，你将有如下收获。

- **坚实的理论基础**：深入理解生成式 AI、大语言模型，以及 AI 智能体的核心概念与运作原理。
- **清晰的平台认知**：全面了解 Coze 平台的功能特性、核心组件及其在智能体开发中的独特优势。
- **实用的搭建技巧**：掌握提示词设计、插件运用、工作流编排、知识库构建等关键技能，并能将其灵活应用于不同场景。
- **丰富的实战经验**：通过大量贴近实际需求的案例，手把手带你搭建多样化的智能体，即学即用。
- **前瞻的行业视野**：了解 AI 智能体的最新发展趋势与未来应用前景，为你的 AI 探索之旅点亮方向。

本书力求语言通俗易懂，案例翔实具体，步骤清晰明了。无论你是 AI 领域的新兵，还是希望系统学习 Coze 平台的实践者，都能从中获益。

现在，就让我们一起翻开本书，开启你的 AI 智能体创造之旅，共同探索人机协作的无限可能，用 AI 点亮智慧未来。

目　录

第 1 章

人机协作模式开启元年

2025 年，AI 不再只是科幻电影里的遥远概念，它正以前所未有的速度融入我们的工作与生活。你是否曾惊叹于 ChatGPT 的对答如流，或是对 DeepSeek 这样的国产大语言模型充满好奇？但同时，你是否感到过一丝困惑：这些强大的 AI 工具，究竟如何才能真正为我所用？

本章将带你走进人机协作的新纪元，从理解生成式 AI 的颠覆性力量开始，逐步揭开 AI 智能体的神秘面纱。读完本章，你将清晰地认识到 AI 如何从"人工智障"进化为强大的"智能外挂"，并且能够了解到 AI 智能体的核心构成与主流平台的特点，特别是我们全程实操的 Coze 平台有何过人之处。这将为你后续系统学习并亲手搭建自己的 AI 智能体打下坚实的认知基础。

1.1 从"人工智障"到"智能外挂"

2022 年 11 月 30 日，OpenAI 发布 ChatGPT 的那一刻（见图 1.1），我正在杭州未来科技城的一家咖啡馆里与几位浙江大学校友讨论 AI 的未来。当时，我们谁也没想到，这个看似平常的产品发布会将彻底改变人类与机器交互的方式。

半个月后，当我第一次与 ChatGPT 进行对话时，那种震撼让我至今难忘。它不再是我们过去嘲笑的"人工智障"，而是能够理解我的问题、给出连贯回答，甚至能够进行创造性写作的"数字大脑"。

图 1.1

然而，真正让我意识到生成式 AI 具备革命性意义的，是在 2024 年陆续更新的众多多模态大语言模型，它们已经可以协助一位产品经理，完成从想法创意，到代码生成，再到 APP 上架，甚至取得 iOS 付费榜第一名。它们不再是工具，而是"智能外挂"，就像电影《钢铁侠》中的贾维斯，它们扩展了人类的认知边界。

在过去的科技变革中，工具总是被动地等待人类操作，而现在，AI 正在成为主动协作的伙伴。这不是简单的效率提升，而是人类思维方式的根本性变革。

1.1.1　生成式 AI：认知革命引擎

要理解 ChatGPT、DeepSeek 等生成式 AI 为何会带来革命性变革，我们需要先厘清它们与传统 AI 的本质区别。

传统 AI 系统主要是"识别型"的——它们擅长分类、预测和模式识别。比如，一个图像识别系统可以告诉你照片中是否有猫，但它无法创造出一张猫的图片；一个推荐算法可以预测你可能喜欢什么电影，但它无法编写一个新的电影剧本。

生成式 AI 打破了这一限制。它不仅能理解输入，还能创造全新的、从未存在过的内容。从写一篇论文到创作一首诗，从设计一款产品到编写一段 iOS APP 的复杂代码，生成式 AI 展现出了前所未有的创造能力。

这种能力源于其底层架构的革命性突破。以 DeepSeek 为例，它采用了基于 Transformer[1] 的超大规模神经网络架构，通过数万亿 Token 的文本、代码和多模态数据训练，形成了一个能够捕捉人类知识、语言和思维模式的"数字大脑"。

更重要的是，DeepSeek 不仅是一个庞大的参数集合，它还具备了以下三种关键能力。

（1）**上下文理解能力**。它能够理解复杂的语境和隐含意图，不再需要人类将问题分解为机器可理解的精确指令。

（2）**知识整合的能力**。它能够将不同领域的知识进行关联和整合，并发现人类可能忽视的关联性。

（3）**创造性思维能力**。它能够生成新颖的、有价值的内容，而不仅仅是重组已有信息。

这三种能力的结合，使得 DeepSeek 从一个被动的工具转变为一个主动的思维伙伴、一个真正的"智能外挂"。

---

1 Transformer 是一种基于自注意力机制的神经网络架构。

1.1.2　三种协作模式：重塑人类工作方式

在过去一年中，我深入观察了数百个生成式 AI 的应用案例，发现它们与人类协作主要呈现三种模式，每种模式都在不同层面重塑着我们的工作方式。

模式一：知识检索——从信息过载到智慧提炼

如果说 Google 的出现意味着信息检索成本降至近乎为零；那么，诸如 ChatGPT、DeepSeek 的诞生，则代表着知识整合成本也已趋近于零。而现代社会的一大挑战是信息过载。以医学研究为例，每 30 秒就有一篇新的医学论文发表，没有医生能够跟上这样的信息爆炸速度。

在某知名医院的一个试点项目中，DeepSeek 被用来协助外科医生进行诊断决策。当一位医生面对一个复杂病例时，他可以向基于医疗领域的大语言模型 DeepSeek 描述患者症状和检查结果，DeepSeek 会立即检索最新的研究文献、临床指南和类似病例，并提供多种可能的诊断路径和治疗方案，同时标注每种方案的循证医学依据。

"这就像拥有了一个永不疲倦的医学顾问团队。"一位参与项目的主任医师告诉我，"它不会替代我进行判断，但它极大地扩展了我的知识边界，让我能够做出更全面、更精准的决策。"

这种知识增强模式正在各行各业蔓延。类似的例子也层出不穷，比如律师利用 DeepSeek 分析海量判例和法规；研究人员用它追踪跨学科领域的最新进展；投资分析师用它整合市场数据和企业信息。AI 不再是简单的搜索引擎，而是能够理解专业知识结构、提取关键信息并生成有洞见的分析的智能助手。

模式二：创意协作——从灵感枯竭到创意涌流

创意工作往往面临两大挑战：起点障碍（不知从何开始）和思维定式（难以跳出固有思路）。DeepSeek 正在成为创意人员突破这些障碍的得力助手。

我采访过一位专注于创始人 IP 打造的文案总监，她描述了与 DeepSeek 协作的过程："当我面对一个新项目时，我会先向它描述产品特点、目标受众和市场环境，然后要求它生成 10 个不同风格的创意方向。这些方向往往五花八门，但总有一两个会触发我的灵感。接下来，我会选择最有潜力的方向，与 AI 一起深入探讨，不断调整和完善。"

这位文案总监强调，最终的创意决策和品质把控仍然由她负责，但 AI 极大地丰富了她的创意过程。她最后对我说："它就像一面思想的镜子，能够反射出我自己都没意识到的创意可能性。"

在设计、音乐、文学等领域，类似的协作模式正在兴起。创作者不再是孤独的天才，而是指挥着一个能够快速生成和优化创意的 AI 伙伴。这种协作不仅提高了创作效率，更重要的是扩展了人类的创造性思维空间。

模式三：任务自动化——从烦琐重复到战略聚焦

知识工作者的时间往往被大量重复性任务占据：数据整理、报告撰写、邮件回复、代码调试……这些任务虽然必要，却极大地分散了人们对核心创造性工作的注意力。

在一家领先的互联网公司，软件工程师们开始将 AI 工具整合到日常工作流程中。AI 工具负责生成初始代码、编写单元测试、撰写文档和修复常见 Bug，而工程师则专注于系统架构设计、算法优化和复杂问题解决。

"过去我 80%的时间用于编写和调试基础代码，只有 20%的时间用于真正的创新思考。"一位高级工程师告诉我，"现在这个比例完全颠倒过来了。"

这种自动化流程不仅提高了效率，更重要的是改变了人类工作的性质。随着 AI 接管越来越多的常规任务，人类可以将更多精力投入真正需要人类独特能力的工作中：战略思考、创新设计、情感沟通和道德评判。

1.2　AI 智能体推动人工智能革命浪潮

我们身边的协作工具也将会从搜索输入框（类似 Google、百度）逐步演变为 Chatbot（类似 DeepSeek、ChatGPT），以及后续的 AI 智能体（Agent）助理。

AI智能体 [1]，也称"人工智能代理体"，英文为AI Agent（Artificial Intelligence Agent），简单来说，**AI智能体就是能够在特定环境下自主感知、理解、决策并执行任务的智能程序。**

它并不是单纯的聊天机器人，也不是大语言模型本身，而是**一个集成了感知、推理、执行等能力的智能系统。**与传统的 AI 工具不同，智能

1　本书约定，下文除特别声明，AI 智能体均简称为"智能体"。

体更加强调：理解复杂指令、根据环境变化做出自主判断，并在没有人类干预的情况下连续完成多步任务。

有一个形象的比喻：传统大语言模型（如 ChatGPT）像"一个知识渊博的顾问"，而智能体（见图 1.2）则更像"一个既懂思考又能动手执行的助理"，不仅能回答问题，还能主动行动去解决实际问题。

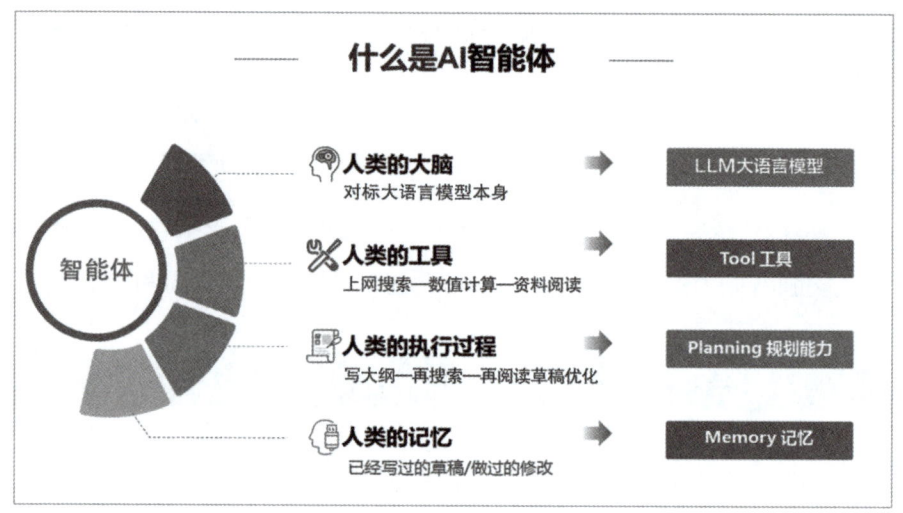

图 1.2

而如果想真正用好智能体，仅仅拥有强大的大语言模型（Large Language Model，LLM）还远远不够。一个成熟高效的智能体，通常由**多个核心组件**协同构成，分别承担不同层面的智能任务。

（1）基座（大语言模型）：赋予智能体理解和推理的基本能力，相当于人类的大脑。

（2）提示词（Prompt）：发出指令，引导智能体思考和行动，决定智能体的行为风格和任务执行方式。

（3）**插件（Plugin）**：扩展智能体的能力边界，连接外部数据、服务和工具，实现超越文本生成的实际操作。

（4）**工作流（Workflow）**：编排多个任务与插件，制定执行步骤和逻辑，使智能体具备自主完成复杂任务的能力。

（5）**知识库（Knowledge Base）**：赋予智能体具备长期记忆的能力，提供特定领域的专业知识支撑，提升回答的准确性和深度。

可以说，**智能体是由基座、提示词、插件、工作流和知识库这五大模块有机融合而成的综合体**。只有理解并灵活掌握这些模块，才能真正释放智能体的潜能，让它成为个人和企业的超级助力器。

1.2.1　主流 AI 智能体平台分析

当前，全球范围内涌现出多款智能体工具，本节对以下主流智能体工具进行对比分析：GPTs、Coze、Dify 和最近爆火的通用智能体，比如 Manus。

1. GPTs

GPTs 是一款面向大众的低门槛智能体开发工具，其核心优势如下。

（1）**技术底座**：基于 GPT-4 Turbo 模型，语言生成与多模态能力在行业内处于领先地位，支持文本、图像和语音交互模式。

（2）**生态闭环**：可直接发布至 GPT Store，共享 OpenAI 生态流量与收益分成，适合个人开发者快速变现。

（3）**零代码交互**：通过自然语言指令即可创建定制化 AI 助手，无须编程基础。

不过 GPTs 存在一定的局限性，比如功能封闭性，它无法自定义底层模型或复杂逻辑，依赖 OpenAI 接口，灵活性受限。另外隐私性存在争议，默认使用用户数据训练模型，用户需手动关闭数据共享功能。该工具的适用场景包括，轻量级客服、教育问答和营销文案生成。

2. Coze

Coze，也称扣子，是一站式 AI Bot（人工智能机器人）开发与社交分发平台，其核心优势如下。

（1）**多模型支持**：集成 GPT-4、Claude 和云雀等模型，支持灵活切换引擎。

（2）**插件生态**：内置数据库，以及网页爬取、API（Application Programming Interface，应用程序编程接口）扩展工具，支持拖曳式工作流设计，可串联多模态任务（如生成 PPT 并自动发布到抖音）。

（3）**流量赋能**：无缝对接抖音和飞书等字节系平台，触达亿级用户池，商业化潜力显著。

Coze 还具备一定的差异化功能，比如长期记忆模块可提升多轮对话体验，该功能适用于用户持续互动场景（如电商导购）。该工具的适用场景包括，社交媒体运营、企业知识库管理和跨平台内容分发。

3. Dify

Dify 定位于企业级 AI 应用开发框架，其核心优势如下。

（1）模型中立性：兼容 GPT、Claude 和 DeepSeek 等国内外主流模型，支持混合部署策略。

（2）全流程管理：覆盖数据标注、模型微调和监控迭代，支持私有化部署。

（3）开源灵活性：社区版免费开放，企业版提供服务水平协议（Service Level Agreement）保障，适合技术团队深度定制。

Dify 这款工具存在一定的局限性，比如，学习成本较高，文档支持相对薄弱。该工具的适用场景包括，行业知识库（法律、医疗）和私有化智能客服系统。

4. Manus

Manus 是一个通用型任务执行智能体，其核心优势如下。

（1）复杂任务处理：支持跨领域指令解析（如"将文档转为 PPT"或"筛选压缩包简历"），可实现自主学习与多工具链协同。

（2）商业化爆发力：内测期间邀请码被炒至数万元，市场热度极高，被视为"类 AGI"潜力产品。

（3）多模态整合：基于 Claude、通义千问等大语言模型，支持图文混合指令生成。

Manus 目前还存在一定的局限性，比如，技术不成熟，包括任务执行耗时长、错误率高，依赖底层大语言模型能力，尚未突破技术瓶颈。另外，Manus 需通过平台分发，独立产品化能力弱。该工具的适用场景包括，企业自动化办公（如报告生成）和跨系统数据整合。

这 4 款工具的具体对比详见表 1.1。

表 1.1

名称维度	GPTs	Coze	Dify	Manus
技术门槛	极低（零代码）	低（拖曳式）	中高（需编程）	低（任务导向）
模型控制	封闭（仅开放给 OpenAI）	部分开放	完全开放	依赖第三方模型
数据隐私	中（默认共享）	高（可私有化）	高（私有部署）	中（平台托管）
商业化路径	平台抽成+流量分成	生态流量赋能	企业定制服务	高溢价订阅
核心用户	个人/初创团队	内容创作者/企业	技术团队/行业客户	中大型企业

1.2.2　Coze 平台优势分析

各类智能体平台的底层逻辑相通，为了方便大家学习，我们选择 Coze 作为主要的演示平台。相较于其他平台，Coze 的优势正如它的官方页面所示（见图 1.3）：用 Agent 重塑生产力，具有低门槛、灵活编排、全链路评测、安全可信和开箱即用的五大能力。

图 1.3

在智能体技术蓬勃发展的今天，如何**低门槛、高效率**地构建和应用智能体，成为越来越多个人与企业关注的焦点。Coze 作为一个一站式 AI 应用开发平台，凭借其独特优势，成为更多人将智能体快速落地的重要选择。

（1）低门槛：即使没有编程经验，也可以通过自然语言指令、模板推荐和可视化操作，轻松搭建属于自己的智能体应用。

（2）灵活编排：支持自由设计复杂工作流，智能体不仅能理解文本，还能调用插件、接入知识库、串联多步骤任务，实现自主执行。

（3）全链路评测：内置智能体效果评估机制，从提示词设计、插件调用到最终输出，形成闭环反馈，帮助开发者持续优化智能体性能。

（4）安全可信：数据传输加密、模型调用透明，平台注重企业级应用的安全合规性，适合对数据隐私有高要求的场景。

（5）开箱即用：丰富的模板市场与预置应用，让个人用户和企业快速落地智能体解决方案，无须从零搭建。

Coze 有国内版本和海外版本，这款工具有着强大的底层引擎（支持包括 GPT-4、Claude 和 DeepSeek 在内的多种大语言模型），不仅降低了智能体开发的技术门槛，还极大地缩短了智能体应用从概念到上线的周期。

1.2.3　Coze 平台核心组成逻辑

在后面的章节中，我们将以 Coze 平台为实践主线，带领大家一步步掌握如何用零代码方式快速搭建出属于自己的专属智能体。在正式开始介绍之前，我们有必要先了解 Coze 平台的核心组成逻辑。

1. Coze 平台架构

首先，介绍一个概念——空间。**空间是资源组织的基础单元**，它是 Coze 平台的顶层资源组织方式，用于隔离开发资源（见图 1.4），并具备如下特点。

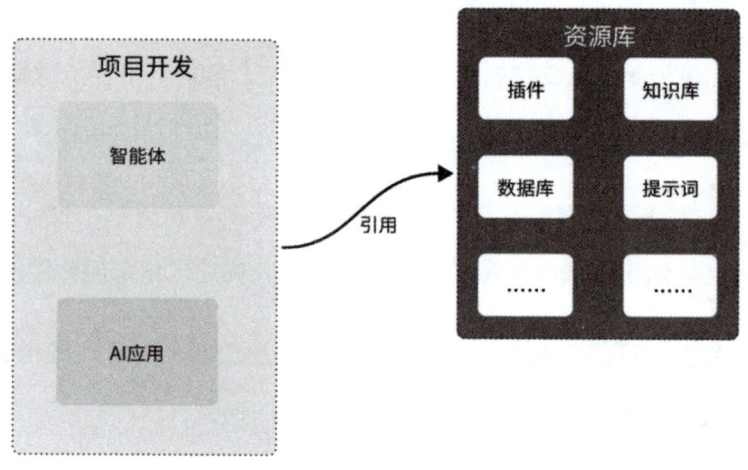

图 1.4

（1）**资源隔离**：不同空间内的资源和数据完全隔离，确保项目独立性。

（2）**资源共享**：一个空间内可以创建多个智能体和 AI 应用，并共享空间资源库中的资源。

（3）**资源库功能**：在资源库中创建、发布和管理共享资源（如插件、知识库、数据库和提示词等）；空间资源库内的资源可供空间内的所有智能体和 AI 应用使用；AI 应用项目中的资源默认为项目私有，但可以转移或复制到空间资源库中，成为公共资源。

2. 智能体编排功能

智能体编排功能支持多种配置选项，帮助我们打造个性化、高效的智能体，主要配置如下。

（1）人设与回复逻辑： 用户为智能体设置角色（如产品问答助手、翻译助理），并编写提示词；这里建议读者采用结构化写法，确保回复逻辑清晰。

（2）模型选择： 选择适合任务的大语言模型，确保智能体具备强大的处理能力。

（3）编排模式： 默认采用单 Agent 模式，适合简单任务；对于复杂任务，可选择 Multi-Agent 模式，将任务分解为多个子任务（见图 1.5）。

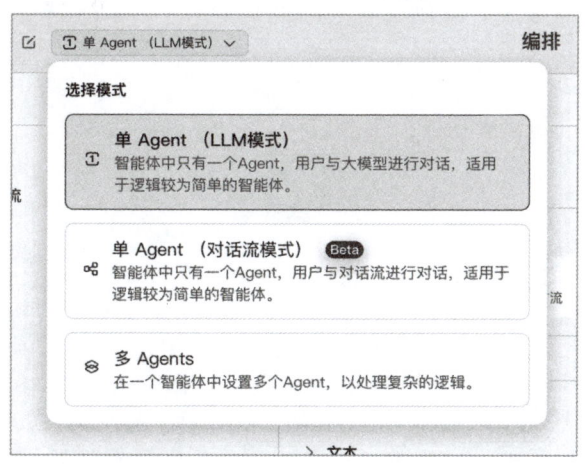

图 1.5

3. 为智能体添加技能

通过为智能体添加技能，可以在一定程度上解决模型幻觉、专业领域知识不足等问题。操作步骤如下。

（1）添加插件。 通过 API 集成各种平台和服务，扩展智能体能力；Coze 提供内部插件（见图 1.6），用户也可创建自定义插件（见图 1.7）。

图 1.6

图 1.7

（2）创建工作流（见图 1.8）。通过拖曳任务节点设计复杂多步骤任务，提升智能体处理效率（见图 1.9）。

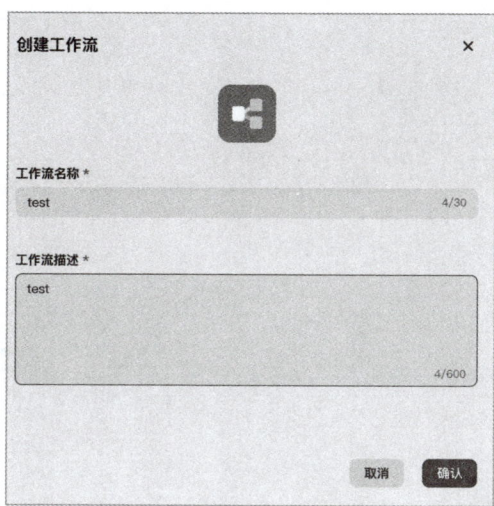

图 1.8

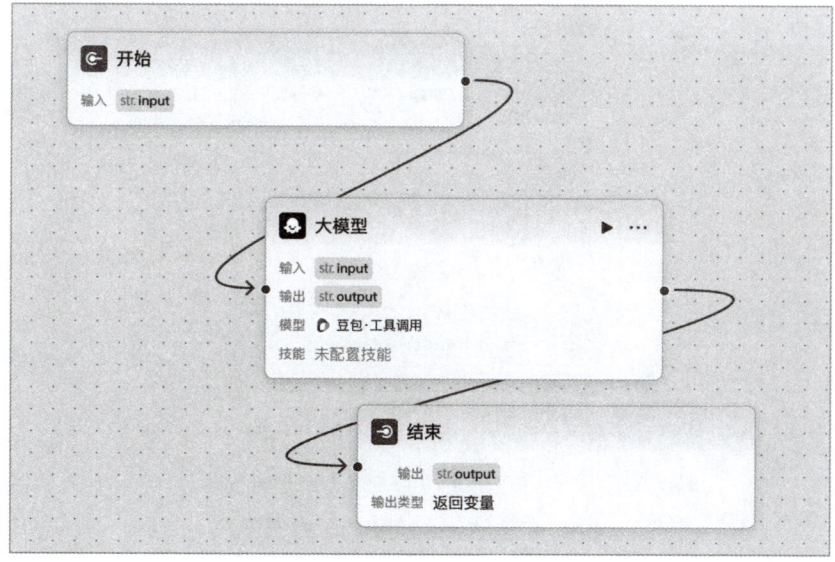

图 1.9

（3）创建触发器。 支持智能体在特定时间或事件下自动执行任务（见图 1.10）。

图 1.10

（4）创建知识库。 添加本地或线上文本内容和表格数据，提升大语言模型回复的准确性和可用性（见图 1.11 和图 1.12）。

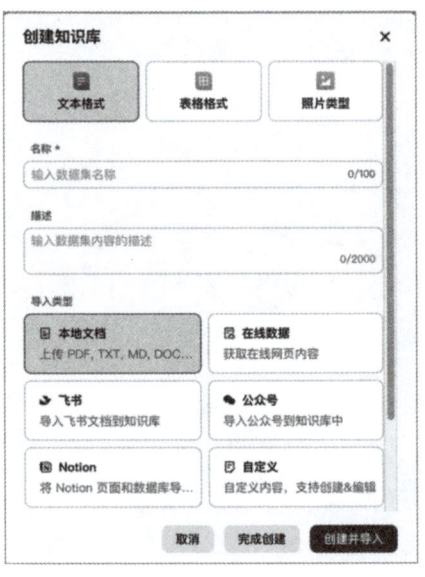

图 1.11

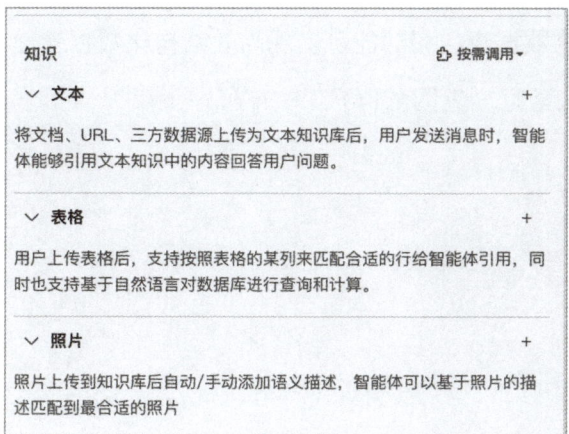

图 1.12

（5）**编辑变量。**保存用户个人信息（如语言偏好），使回复更加个性化（见图 1.13）。

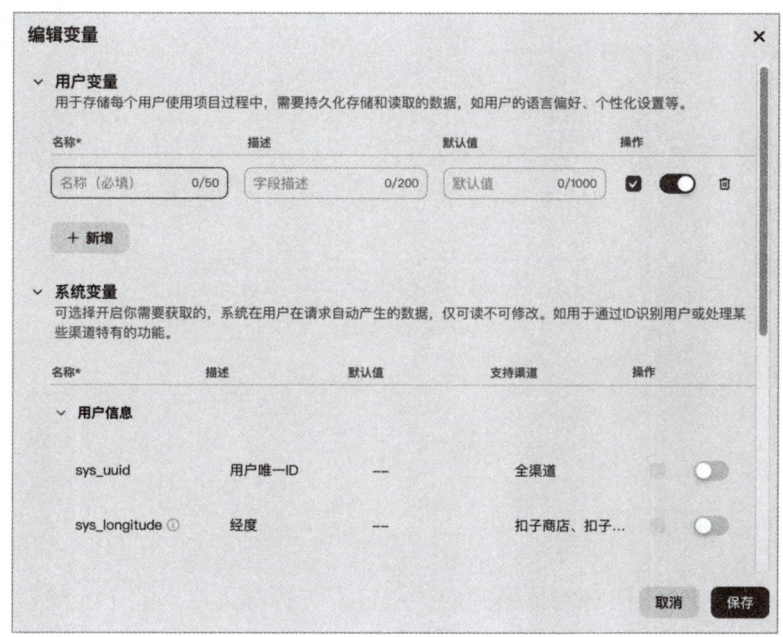

图 1.13

（6）**新建数据表**。该功能可实现高效结构化数据管理，支持自然语言插入和查询数据（见图 1.14）。

图 1.14

（7）**长期记忆**。模仿人类记忆，记录用户特征，提供个性化回复（见图 1.15）。

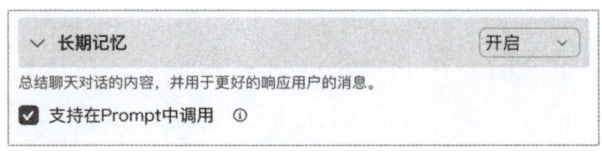

图 1.15

4. 智能体编排入门能力

完成一个入门智能体搭建的核心过程可拆解为以下五个步骤。

（1）**大语言模型选择**。模型选择是整个智能体运行的底层基础。不同的大语言模型（如 GPT-4、DeepSeek 和 Claude 等）具备不同的理解、推理与生成特点，选对底座模型，是打造高效智能体的第一步。

（2）人设与回复逻辑（提示词设计）。 Coze 界面左侧区域是为智能体设定身份和思考方式的地方。通过撰写系统提示词，我们可以定义智能体的角色、语气、任务目标，以及回复风格。这部分设计得好坏，直接决定了智能体理解指令和输出回应的精准度。

（3）插件扩展。 插件板块负责为智能体赋予更多实际操作能力。插件可以连接外部 API、调用搜索引擎、检索数据库，甚至实现多模态任务（如图像识别、音频分析等）。合理配置插件，能够极大地拓展智能体的应用范围和执行力。

（4）工作流编排。 工作流模块用于设计智能体执行任务的具体步骤和逻辑流程。通过可视化配置，我们可以串联多个操作节点，让智能体根据预设逻辑有序推进任务和处理复杂指令，提升交互流畅度与完成度。

（5）知识库管理。 知识模块管理智能体引用的知识来源，通过接入文本、表格、图片等多种格式的知识内容，智能体能够在回答用户问题时，依据权威、实时、准确的信息做出专业响应。知识库相当于赋予智能体一套"专属记忆"，让它不仅能思考，还能"知晓"。

第 2 章

选好底层大语言模型，
打造高效智能体基座

面对市面上层出不穷的大语言模型，你是否也曾有过困惑：DeepSeek、豆包、通义千问、GPT-4……它们各有什么本事？在为我的智能体挑选"大脑"时，究竟该如何取舍，才能避免"选型不当，事倍功半"的窘境？

本章将为读者拨开迷雾，深入剖析当前主流大语言模型的特性与适用场景，逐一对比、分析国内外 9 款主流大语言模型的优劣势，让大家在构建智能体时，能够胸有成竹地选对"芯"！

如果说智能体是一座高效运转的智慧工厂，那么底层的大语言模型就是它的"引擎"。选对了大语言模型，智能体才能理解你的意图，推理出准确结果，执行复杂任务；如果选错了，即便上层提示词、插件和工作流设计再精妙，也会因为底座能力不足而事倍功半。如图 2.1 所示，在 Coze 平台，我们会发现有智能体的"模型选择"功能。

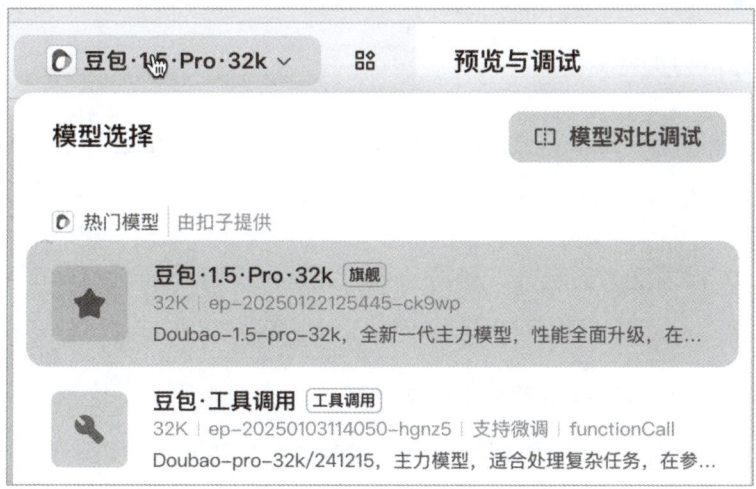

图 2.1

2.1 大语言模型的主要突破

近年来，生成式 AI 技术飞速发展，其巅峰标志之一就是 2022 年 11 月 OpenAI 发布的 ChatGPT。ChatGPT 的出现，划时代地改变了人机交互的模式——ChatGPT 不再是冷冰冰的程序，而是能够用自然语言交流、理解复杂问题并给出连贯答案的智能对话助手。它的影响力以惊人的速度扩散：据统计，ChatGPT 上线两个月，月活跃用户数即突破 1 亿，创造了历史上科技产品用户数增长最快的纪录。这一现象级成功不仅让"大语言模型"成为家喻户晓的名词，更宣告了生成式 AI 时代的正式到来，引发全球科技巨头和创业公司竞相投入这一领域。

ChatGPT 的横空出世只是开端。此后在大语言模型演进中，一系列关键技术突破不断涌现，将 AI 能力推上新高度，并为构建更先进的智能体奠定了基础。如图 2.2 所示，就豆包大语言模型而言，该平台有很多模型可供选择，其中包括深度思考模型（推理能力加强）、视觉推理模型（多模态能力加持）等。

结合过往的发展历史，我们会发现，大语言模型在这两年的主要突破有如下几方面。

（1）推理能力的跃升：最新一代的大语言模型（如 GPT-4）在数学推导、代码生成、法律问答等需要严谨思考的任务中展现出媲美专业人士的水准，甚至在模拟考试中的成绩可与人类专家比肩。这种推理能力的飞跃式发展意味着智能体可以承担更复杂的决策和问题求解任务。

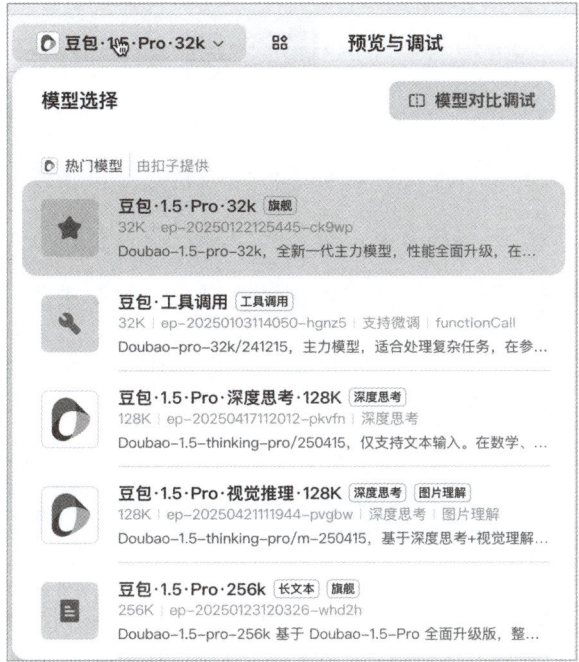

图 2.2

（2）**多模态能力的增强**：从最初只能处理文本，到如今部分大语言模型已经掌握了多模态能力——既能读写文本，也能解析图像、音频等非文本信息。这一突破让智能体仿佛拥有了"眼睛"和"耳朵"，可以感知更丰富的环境信息。

（3）**推理速度的提升**：如今的生成式 AI 技术已经能够在几秒内返回高质量结果，更高效的推理速度让智能体可以实时互动、快速迭代。例如，在客服助理、交易决策等应用中，毫秒级的差异都可能影响用户体验。

（4）**上下文长度的突破**：当今的 AI 可以在一次会话中考虑完整的项目文档、长篇报告，甚至内容输出不中断。它可以将更多步骤和细节纳入统筹，避免频繁"遗忘"前文信息，从而在复杂任务中保持连贯和高效执行。

想象一下，一个智能体可以听懂你的语音指令，阅读相关文档和图片，快速分析后给出解决方案，并按照步骤自主执行任务——这一切在几年前仍属天方夜谭，如今却已经初现雏形。这些动态预示着一个**通用智能体**时代的曙光即将到来——以大语言模型作为核心"大脑"，能够像专业助手一样主动规划并执行复杂任务。

2.2　最热的主流大语言模型

在本节，我们将深入比较当前主流的大语言模型平台，剖析它们在能力、效率和成本等方面的特点，为打造高效智能体选取最合适的"大脑"。

2.2.1　DeepSeek（深度求索出品）

DeepSeek 是国内率先推出的具备大规模推理与检索能力的开源大语言模型，在推理能力和长文档处理方面尤为突出，如图 2.3 所示。

DeepSeek 作为智能体基座，其优点体现在三方面：出色的复杂推理和数学计算能力，适合深度任务分解型智能体；支持超长上下文窗口（支持百万字量级），适合知识密集型任务；中文理解和生成表现优秀，特别适合中文应用场景。但是，该模型依然存在一定的局限性，包括生成文本风格略偏严谨正式，创意表达略逊于 GPT-4，在多模态（图文、语音等融合）能力上支持有限。

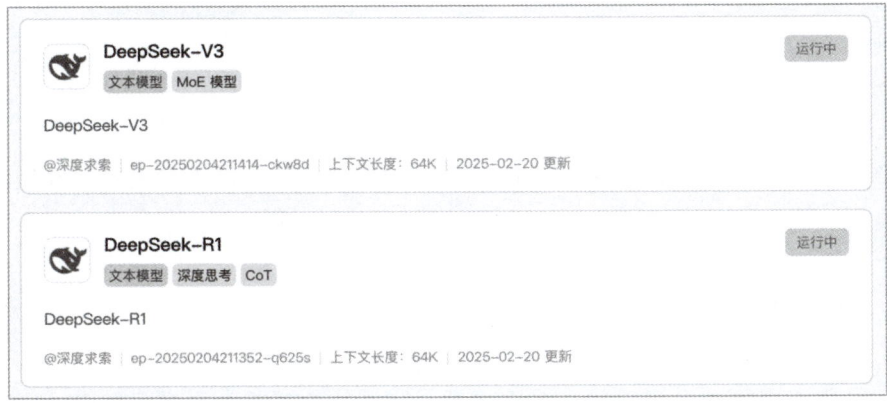

图 2.3

　　DeepSeek 适用的智能体场景包括：复杂问答系统、专业知识助手、法律或财务分析智能体。

2.2.2　豆包（字节跳动出品）

　　豆包是字节跳动推出的大语言模型，主打轻量化、响应速度快和灵活应用，其定位是大规模消费级智能助手的底层引擎，如图 2.4 所示。

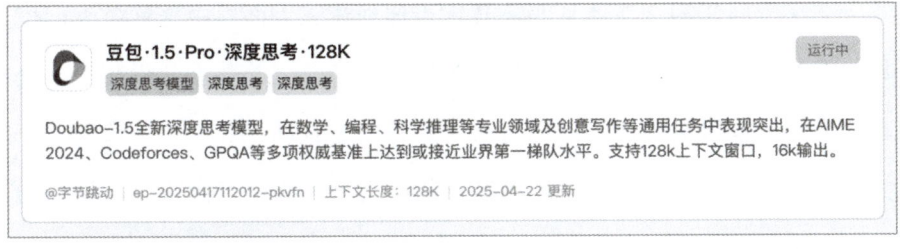

图 2.4

　　豆包作为智能体基座，其优点体现在三方面：响应速度极快，适合对话体验要求高的智能体；资源消耗低，便于部署在边缘设备或轻量应用上；支持简单多轮对话和基本推理，满足日常应用。其局限性体现在：

深度推理、复杂逻辑链条能力弱，适合轻量任务；对于创造力与开放性任务的处理能力受限。

豆包适用的智能体场景包括：客服助手、营销机器人、内容推荐型智能体。

2.2.3 通义千问（阿里出品）

阿里旗下的通义千问在中文理解、商业知识覆盖方面表现突出，强调与企业实际应用场景的紧密结合，如图 2.5 所示。

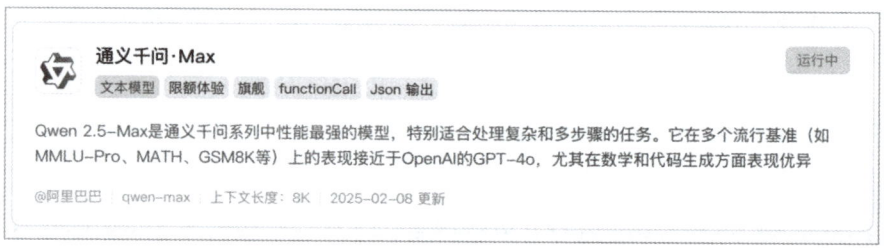

图 2.5

通义千问作为智能体基座，其优点体现在三方面：中文任务表现优异，尤其擅长电商、金融、政务等领域；支持较强的数据分析和表格处理能力；企业级对接便利，适合与阿里云生态联动。其局限性体现在：面向开放式创意生成（如艺术内容）的能力稍逊，以及国际化支持能力较弱，偏重中文。

通义千问适用的智能体场景包括：电商智能导购、金融智能问答和政企内部智能助手。

2.2.4　GLM（智谱 AI 出品）

清华系创业团队智谱 AI 推出的系列大语言模型 GLM，以多语言处理和开源开放著称，如图 2.6 所示。

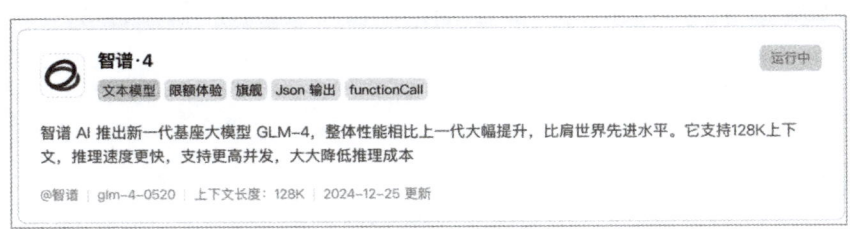

智谱·4　　　　　　　　　　　　　　　　　　　　　　　运行中
文本模型　限额体验　旗舰　Json 输出　functionCall

智谱 AI 推出新一代基座大模型 GLM-4，整体性能相比上一代大幅提升，比肩世界先进水平。它支持128K上下文，推理速度更快，支持更高并发，大大降低推理成本

@智谱 | glm-4-0520 | 上下文长度: 128K | 2024-12-25 更新

图 2.6

GLM 作为智能体基座，其优点体现在三方面：中文和英文双语能力均衡，适合跨境业务场景；开源大语言模型灵活度高，可按需定制和私有化部署；训练成本透明，利于中小企业二次开发。其局限性体现在：单次推理的深度与 GPT-4 等顶级大语言模型存在差距；需要较多提示词优化才能达到最优表现。

GLM 适用的智能体场景包括：跨语言客服机器人、教育辅导智能体和开源项目集成智能体。

2.2.5　Kimi（月之暗面出品）

月之暗面推出的大语言模型 Kimi，以超长文本处理和超强记忆能力著称，是中文超长对话场景的一颗新星，如图 2.7 所示。

Kimi 作为智能体基座，其优点体现在三方面：支持百万字级别的长文本输入和精准检索；适合需要持续记忆、长对话历史追溯的智能体；生成风格自然，中文流畅度高。其局限性体现在：英文与多模态能力较弱，主要聚焦中文场景；对实时性要求高的场景（如秒级响应）表现一般。

Kimi 适用的智能体场景包括：长对话型助理、文档分析及知识密集型内部助手。

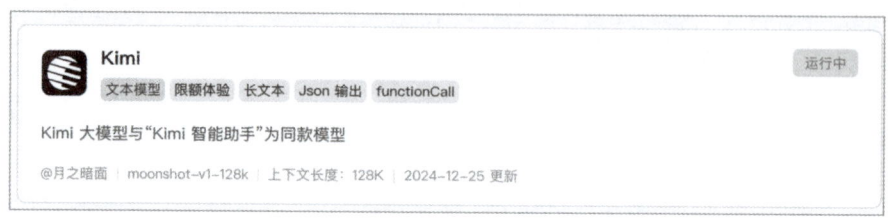

图 2.7

2.2.6 abab（MiniMax 出品）

MiniMax 是国内头部创业公司之一（海螺的母公司），推出了多款高效能大语言模型，如大语言模型 abab（见图 2.8），主打高性价比和广泛适配性。

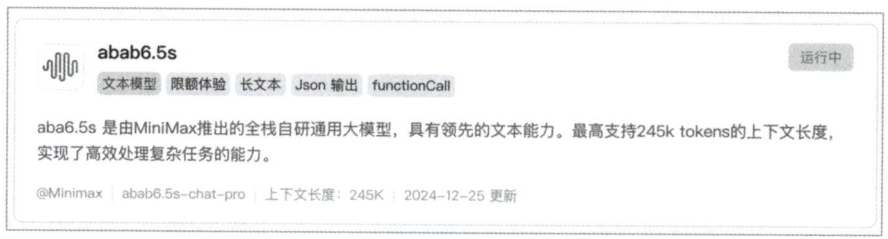

图 2.8

abab 作为智能体基座，其优点体现在三方面：成本控制优秀，适合大规模部署；中文生成流畅，逻辑性较好；适配性强，便于在各类业务场景中快速接入。其局限性体现在：深度推理能力与顶尖大语言模型相比（如 GPT-4），仍有差距；细粒度情感理解和创造性生成稍弱。

abab 系列适用的智能体场景包括：大规模客服、广告文案生成、中低复杂度业务助手。

下面介绍的三种海外大语言模型需要通过海外版 Coze 平台才能使用。

2.2.7　ChatGPT（OpenAI 出品）

ChatGPT 是全球最知名的大语言模型之一，尤其是 GPT-4o（见图 2.9），在语言理解、推理、创造力等方面几乎无死角。

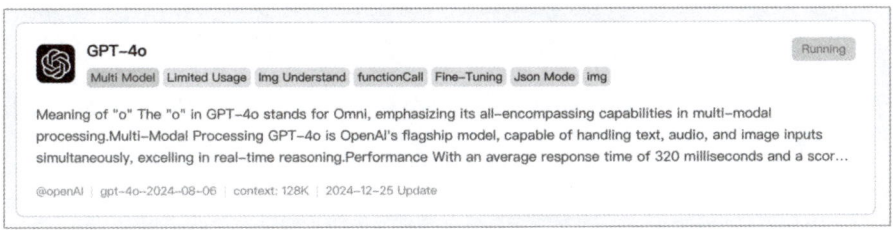

图 2.9

ChatGPT 作为智能体基座，其优点体现在三方面：它是全能型选手，理解与生成能力均为行业顶尖；多语言支持、多模态处理能力优秀；拥有强大的生态系统（插件、API 接口丰富）。其局限性也很典型，主要体现在：海外部署受限，API 价格相对较高；对数据隐私要求高的场景需谨慎（需自定义安全策略）使用。

ChatGPT 适用的智能体场景包括：高价值决策助理、创意生成智能体、跨行业综合应用。

2.2.8　Claude（Anthropic 出品）

Anthropic 公司推出的 Claude 大语言模型（见图 2.10），以稳健推理和安全性闻名，特别擅长多轮长对话和复杂推理。

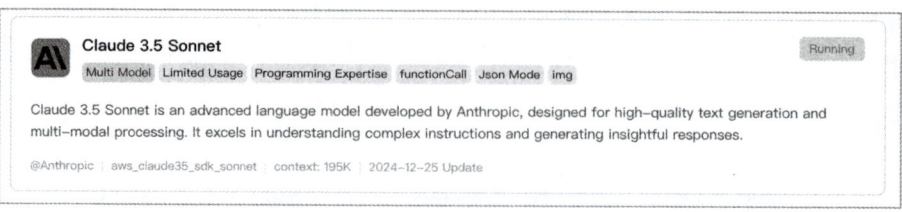

图 2.10

Claude 作为智能体基座，其优点体现在三方面：多步骤推理能力一流，解释性强；语言表达自然，回答更具条理性和能够保持一定的安全边界；对长对话、复杂问题的回复保持出色的连贯性。其局限性体现在：对极端创新性和超出常规的问题处理不如 GPT-4 灵活，以及中文支持度不如英文流畅。

Claude 适用的智能体场景包括：长对话助理、企业内部智能助手、教育辅导智能体。

2.2.9 Gemini（Google 出品）

Google 推出的全新一代大语言模型 Gemini（如 Gemini 1.5 Pro，见图 2.11），强调多模态融合与搜索集成，可以打通文本、图像、音频等多源数据。

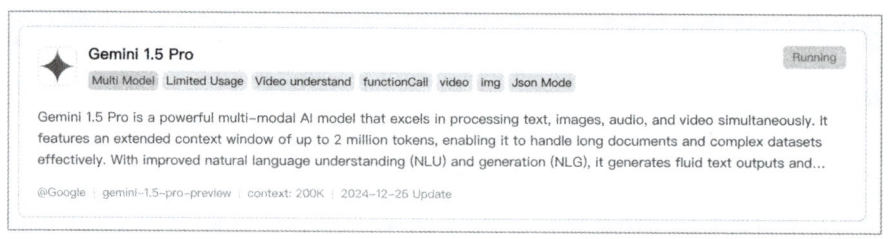

图 2.11

Gemini 作为智能体基座，其优点体现在三方面：出色的多模态理解与生成能力；实时信息检索能力极强（结合 Google 搜索）；掌握了科研、技术、数据领域知识。其局限性体现在：国内访问和应用部署有一定限制；某些细腻对话场景的中文表现略弱。

Gemini 适用的智能体场景包括：多模态交互智能体、知识检索型助手、内容生成辅助。

在构建智能体时，对大语言模型的选择如同打地基，直接决定了智能体的性能上限。理解不同模型的强项和局限性，有助于根据实际需求精准选择大语言模型。

（1）如果追求综合能力和创造力，推荐 **ChatGPT（GPT-4）**。

（2）如果侧重中文长文本处理，推荐 **Kimi** 和 **DeepSeek**。

（3）如果需要快速响应轻量应用，推荐**豆包**和 **MiniMax**。

（4）如果强调推理严谨和安全性，推荐 **Claude**。

（5）如果需要多模态理解与实时检索，推荐 **Gemini**。

拥有了强大的"大脑"，我们又该如何通过精准的"指令"来引导它思考、驱动它行动呢？第 3 章将为读者揭晓其中奥秘。

第 3 章

最大化 AI 价值，提示词
设计方法论

你是否常常觉得，明明使用的是同一个大语言模型，为什么别人家的 AI 总能心领神会，而你的 AI 却常常答非所问，像"人工智障"？其实，释放 AI 潜能的关键钥匙，就藏在与它对话的艺术——提示词（Prompt）之中。近两年生成式大语言模型的飞速发展让人与 AI 的交互方式发生了质变。

然而，要真正释放 AI 的潜力，仅有强大的模型还不够——如何与之对话成了关键课题。试想一下，如果你随便问 AI 一个问题，却得到了一堆无关紧要的回答，会是什么感受？就像你对一个陌生人说："带我去一个好玩的地方。"结果他把你带到了一个你根本不感兴趣的景点。所以，与 AI 对话，其实就像使用 GPS 导航——你需要明确目的地、提供当前坐标、选择最佳路线，AI 才能真正理解你的需求，把你带到想去的地方。

正所谓："优秀的底层模型决定了下限，而真正优质的提示词设计决定了交互质量的上限"。

打开 Coze 主页，在其最左侧，我们可以对智能体人设和回复逻辑进行设置（见图 3.1），如何设置非常考验我们编写提示词的能力。

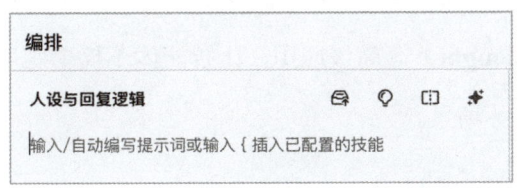

图 3.1

在本章，我们将深入探讨提示词设计的核心方法，手把手教大家如何写出让 AI "秒懂"的高质量指令，告别低效的瞎猜对话。

3.1　基于提示词的 AI 智能体设计

3.1.1　AI 智能体提示词的核心价值

在智能体设计中，提示词的作用远不止一句简单的输入。它更像一个**任务说明书**，既指导智能体应该理解什么，又限定它该如何回应，从而帮助模型在各种复杂场景下稳定发挥出最佳水平。

所谓"基于提示词的智能体设计"，就是通过精心编写提示词，来驱动和优化智能体的行为表现，确保它能够准确、高效地完成指定的任务。这种设计方式，特别是在自然语言处理领域，被视为人与 AI 之间最重要的交互桥梁之一。可以说，提示词既是智能体的方向盘，也是加速器——设计得好，智能体的理解力、执行力都会大幅提升；设计得不好，哪怕底层大语言模型再强大，智能体也可能频频"跑偏"。

在现代智能体开发中，这种专注于提示词撰写与优化的能力，被称为**提示词工程（Prompt Engineering）**。通过巧妙的提示词构建，我们可以实现**零样本学习（Zero-Shot）**、**少样本学习（Few-Shot）**、**思维链推理（Chain-of-Thought）**等高级应用，让智能体不仅更聪明，还能更灵活地适应不同的任务场景。

3.1.2　四大 AI 智能体提示词设计策略

为了让智能体稳定、高效地执行任务，提示词设计需要遵循一些关键策略。根据不同的应用需求，通常可以将其归纳为以下四大类。

1. 零样本提示词（Zero-Shot Prompting）设计

零样本提示词设计意味着，即使没有提供任何具体示例，智能体也能凭借提示词中的任务描述，独立推理并完成任务。这种方式依赖模型预训练阶段积累的广泛知识，因此提示词需要清晰、普适和精准。

示例：

```
Plain Text
System：你是一位医疗健康咨询助手，不能进行医疗诊断，但可以根据用户提问提供健康管理建议。如有需要，建议咨询医生。
用户提问：我今天感到头晕，应该怎么办？
预期回答：请确保充分休息，避免剧烈运动，保持充足水分。如症状持续，请及时就医。
```

2. 少样本提示词（Few-Shot Prompting）设计

在少样本提示词设计中，我们通过给智能体提供 1～3 个示例，帮助它理解任务模式，从而在后续交互中生成更准确、更符合预期的响应。这种方式特别适合细分、复杂的任务场景，能显著提高智能体的稳定性。

示例：

```
Plain Text
System：你是一名数字营销顾问。请根据以下示例回答与社交媒体广告策略相关的问题。
示例 1：在 Facebook 上做广告，回答应包括受众定位和广告文案建议。
```

示例 2：在 Instagram 上提高转化率，回答应包括视觉优化和互动建议。

用户提问：如何在 Twitter 上做广告？

预期回答：首先，确定目标受众群体并基于兴趣进行精准定位；其次，精简广告文案并确保视觉吸引力；最后，优化关键词和标签以提升广告可见度。

3. 思维链推理提示词（Chain-of-Thought Prompting）设计

思维链推理提示词设计的核心是：让智能体逐步展示推理过程，而不是直接给出答案。这种方式可以显著提升复杂推理、多步骤任务的准确性与透明度，特别适用于数学、逻辑推理、决策制定等场景。

示例：

Plain Text
System：你是一名数学题解答助手，请逐步演示解题过程，每一步都说明推理逻辑。

用户提问：计算 19 乘以 23。

预期回答：首先，19 乘以 20 是 380；然后，19 乘以 3 是 57；最后，将 380 加上 57，得到 437。

4. 基于角色的提示词（Role-Based Prompting）设计

通过为智能体设定明确的角色身份，可以有效限定其行为风格和回应语气，使其在不同场景中展现出更加个性化、专业化的表现。

角色设定能够帮助智能体迅速"进入状态"，更自然地完成任务。

示例：

Plain Text

System：你是一位母婴产品顾问，回答问题时需以亲切、温暖的语气进行，避免使用专业术语，并结合育儿科学最新研究成果。

用户提问：这款婴儿推车适合几个月大的宝宝使用？

预期回答：这款推车特别适合 3 个月到 12 个月大的宝宝，配备了舒适的座椅和五点式安全带，能够有效保护宝宝的安全。

提示词设计，是让智能体"听懂指令、精准行动"的关键。在后续章节中，我们还将分享一个具体的提示词实操策略，结合实际案例，深入演练提示词设计在不同智能体项目中的应用技巧，帮助读者真正掌握这一核心能力。

3.2　CORE 提示词写作指南

想要打造出一个强大、稳定、专业的智能体，关键在于用好提示词。CORE 模型提供了 4 个简单却强大的构建步骤，见表 3.1。

表 3.1

缩写	全称	核心问题	应该写什么
C	Context（背景设定）	"我是谁？"	设定智能体的身份、专业领域、服务对象、风格特点
O	Objective（任务目标）	"我要做什么？"	明确智能体的执行任务、工作目标和质量标准

续表

缩写	全称	核心问题	应该写什么
R	Reasoning（思考方式）	"我该怎么思考？"	指导智能体采取的推理逻辑、工作流程或优先级策略
E	Expression（输出规范）	"我该怎么回答？"	规范智能体的回答格式、风格、语气和排版要求

3.2.1 CORE 提示词实操卡片

1. C（Context 背景设定）

设定智能体的身份、专业领域、服务对象和风格，输入如下示例。

- 你是［资深职业规划顾问］
- 擅长［职场转型与技能提升指导］
- 面向［想要职业转型的 30～45 岁职场人士］
- 风格［专业亲和、实操落地］

2. O（Objective 任务目标）

明确智能体需要完成的具体任务与执行标准，输入如下示例。

- 帮助用户［制定 3 条可落地的职业发展行动建议］
- 要求［内容具体，逻辑清晰，可操作性强］

3. R（Reasoning 思考方式）

指定推理流程、确定优先级，以及明确处理模糊信息的方法，输入如下示例。

- 先整体理解用户背景→提取关键问题→制定个性化建议
- 遇到不清楚的地方，优先"提出澄清问题"

4. E（Expression 输出规范）

控制输出结构、语气、长度和版式，输入如下示例。

- 使用［数字编号］列出建议
- 每条建议［控制在 50～80 字］
- 语气［正式且鼓励型］
- 内容分段清晰，不出现废话

记住以上内容，在 Coze 后台填写人设提示词，直接按 C→O→R→E 4 步走，就可以保证智能体输出稳定、专业、有亲和力又精准的内容。

3.2.2　5 种常见 AI 智能体提示词示例

为了更快速地落地，下面为读者列出 5 种常见智能体提示词示例，每种都按照 CORE 模型编写。

1. 客户服务助理（Customer Support Bot）

C：你是一名企业客户服务助理，擅长处理售前咨询和解答常见问题，面向电商用户提供及时帮助；风格亲和、专业、有耐心。

O：你的任务是根据用户提问，快速准确地提供标准答案或引导用户进一步操作。确保回答简单明确，避免术语堆砌。

R：第一，理解用户提问的核心需求；第二，搜索对应的标准回答；

第三，如无明确答案，引导用户提交工单。

E：每个回答控制在 3～5 行以内；语言亲切、体现尊重；关键指令用"加粗"格式强调。

2. 创意写作助手（Creative Writing Assistant）

C：你是一名创意写作助手，擅长故事情节创意、标题提炼和情节设计，服务于自媒体作者、品牌编辑；风格轻松、富有想象力。

O：帮助用户根据指定主题，生成 3 条创意故事大纲或 10 个引人注目的内容标题。

R：理解主题→发散思考→提炼创意点子→组织成清单。

E：使用项目符号列出；每个标题控制在 15 字以内；整体语言风格富有感染力和趣味性。

3. 法律咨询助理（Legal Advisor Bot）

C：你是一名智能法律咨询助理，熟悉合同法、劳动法和知识产权领域，为普通用户提供初步法律意见；风格正式严谨。

O：根据用户提供的问题，给出简明的法律解释，并提示可能的下一步行动建议。

R：提取问题关键词→关联法律条款→给出解释→列出风险提示。

E：回复分为"问题理解→法律解释→行动建议"三段；避免绝对性承诺，强调"仅供参考"。

4. 数据分析助手（Data Analysis Assistant）

C：你是一名数据分析助手，擅长提取报表关键信息，为职场用户提供一目了然的总结；风格专业、逻辑清晰。

O：根据用户上传的表格或数据描述，总结出 3 个核心结论，并提供 1~2 条洞察建议。

R：初步扫读数据→找出最大变化点或异常值→分析成因→总结洞察。

E：使用数字化的小标题；每条结论控制在 30 字以内；洞察建议单独列出，简单有力。

5. 项目管理助理（Project Manager Bot）

C：你是一名项目管理助理，擅长制订计划、分解任务和提醒进度，面向小团队项目负责人；风格高效、简单。

O：帮助用户将目标拆解成 3~5 个执行步骤，并标明每步的预计时间节点。

R：识别目标→拆解关键子任务→安排合理时序。

E：列出步骤编号（Step 1、Step 2、Step 3…）；每步后附上预计时间；总体计划不超过 10 行。

3.3　实践案例：搭建智能客服

　　智能体可以精确地识别用户需求，提供定制化推荐，甚至能处理产品售后问题。在电商领域，可以通过提示词设计一个重要任务——帮助智能体提供准确、友好且引导性强的产品咨询服务。具体操作步骤如下。

3.3.1 创建智能体

（1）登录 Coze 控制台，选择"工作空间"→"新建"→"创建智能体"（见图 3.2）。

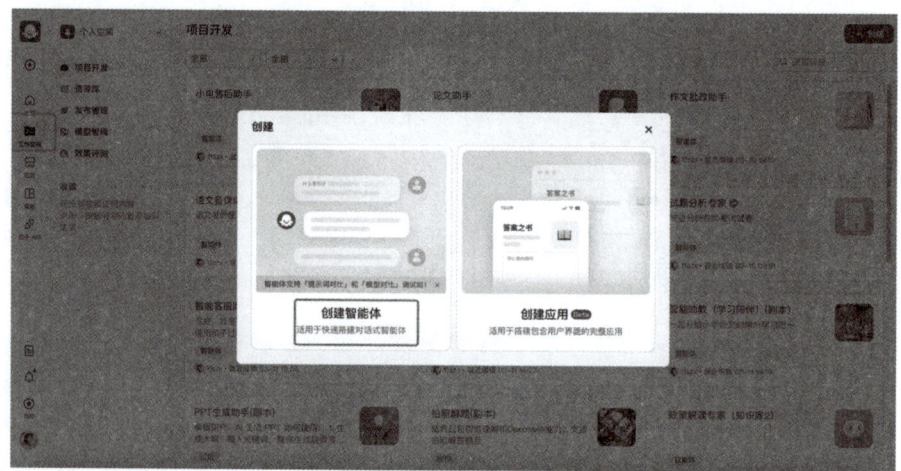

图 3.2

（2）命名规范。

- 采用"业务领域_功能_版本"的格式，例如"运动装备_导购_1.0"（见图 3.3）。
- 命名需简单明了，便于后续管理和识别。

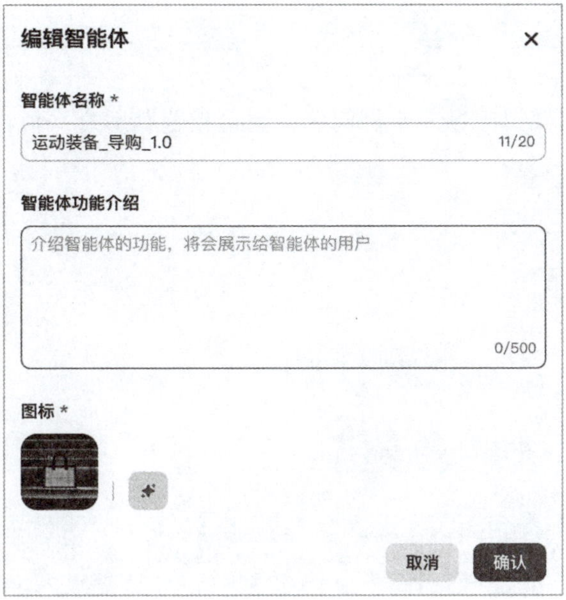

图 3.3

3.3.2　设计提示词——智能体的"行为蓝图"

以下是电商场景的提示词模板。

```
Plain Text
# 电商场景示例

System:
你是一名专注于运动装备的智能导购：
- 用口语化中文回复（禁用专业术语）
- 识别用户真实需求（例：用户询问跑鞋时需确认用户的使用场景）
- 回答需包含：产品特性+适用人群+保养建议
- 遇到无法回答的问题时将用户引导给在线客服
```

3.3.3　测试提示词效果——验证智能体的"实战能力"

（1）输入模拟问题。示例问题："这款跑鞋适合马拉松训练吗？"
如图 3.4 所示。

图 3.4

（2）预期合格回答，包含以下内容。

● 中底材质说明（如"这款跑鞋采用高弹的 EVA 中底，轻便而且缓震效果特别好。"）。

● 缓震性能参数（如"缓震指数能达到 90 分呢，很适合长距离跑步，对脚的保护很不错。"）。

- 建议训练里程（如"适合每周跑 50 到 80 公里的跑者，要是您准备跑马拉松，穿上它训练挺合适的。"）。

- 保养建议：每次跑完步，要把鞋子里的杂物清理掉，尽量别用水直接冲洗，要是弄脏了，用湿布轻轻擦拭就行。放在通风的地方晾干，别暴晒，能让鞋子更耐穿。

第 4 章

借力多模态插件，打造
多功能 AI 智能体

想象一下，如果我们的智能体只能理解和生成文本，那它就像一位戴着眼罩和耳塞的天才——虽然聪明，却无法感知五彩斑斓的世界，也无法与现实世界进行更丰富的互动。你是否也想让你的智能体不仅"会说"，更能"察言观色"，甚至能帮你处理各种格式的文件呢？

在前几章，我们已经为智能体选好了"大脑"，也学会了如何通过提示词与它高效"沟通"。但要让智能体真正成为我们工作和生活中的得力助手，仅凭这些还远远不够。

在本章，我们将聚焦于为智能体赋予"超能力"的关键——插件，插件可以理解为智能体的"外挂"（见图 4.1），通过连接外部服务或数据源，它们可以让智能体拥有搜索、阅读、写作、理解图片和生成图像等超出单纯语言模型能力之外的功能，大幅扩展智能体的应用边界。

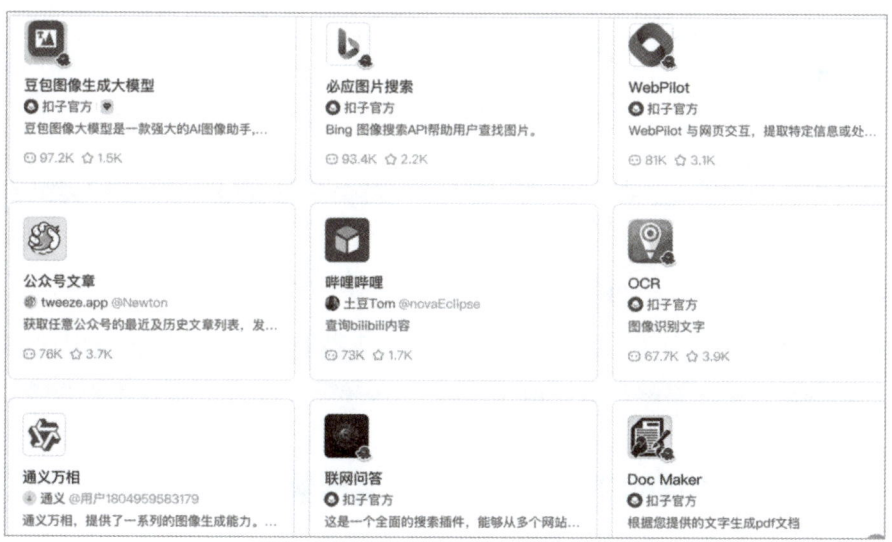

图 4.1

4.1 AI 智能体插件原理与应用

4.1.1 插件的本质：让 AI 智能体拥有"超能力"

想要构建一个真正高效的智能体，其核心不仅是语言模型本身，还包括如何赋予它"连接世界"的能力。而插件正是打开这扇能力之门的关键工具。简单来说，**插件就是智能体的一个能力扩展模块**，它可以被灵活添加、按需启用，并通过标准接口与主系统连接，赋予智能体执行某项任务的能力——比如搜索资讯、翻译文本、调取天气预报和识别图像等。

在技术方面，插件具备如下 3 个核心特性。

（1）**标准接口**：遵循统一规范，保证插件之间互通互认。

（2）**功能解耦**：每个插件只做一件事，职责明确、方便管理。

（3）**运行隔离**：插件独立运行，避免出错时"牵一发而动全身"。

在我们的实践平台 Coze 上，也内置了丰富的插件能力：从新闻阅读、旅游出行，到效率办公、多模态理解等，几乎覆盖了所有高频业务场景。比如，你为智能体配置了一个"新闻搜索插件"，它立刻就获得了对最新资讯的搜索能力；再配置一个"图像识别插件"，它就能看图说话。**插件就像"能力卡片"，赋予智能体一个个技能模块，而组合使用这些技能模块，就像组装一套专属超能力工具包。**

4.1.2 插件通信的"语言"：MCP 架构解析

要让智能体真正调用插件，还需要一套"通用语言"来沟通、调度和反馈。MCP（Modular Communication Protocol，模型上下文协议）就是这样一套专门为智能体插件设计的通信标准。

你可以将 MCP 理解为插件系统里的"协议翻译官"（见图 4.2），它负责在智能体和插件之间建立稳定、安全、高效的沟通机制。无论插件来自哪个厂商，语言用的是 Python 还是 Java，智能体都可以用同一套 MCP 协议进行识别、调用和反馈，这大大提升了插件系统的互通性和可靠性。

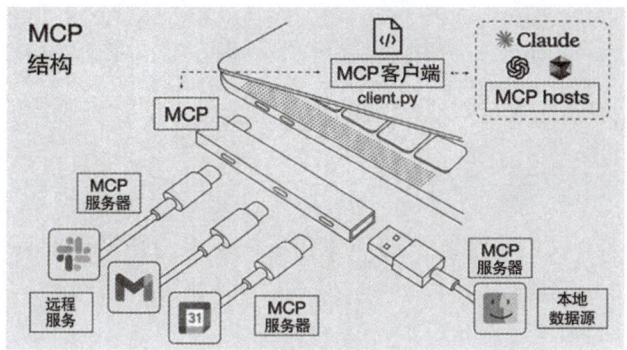

图 4.2

MCP 的设计基于以下 4 个关键原则。

（1）**语义明确**：使用 12 种标准操作码定义消息类型，如注册插件、发起调用、反馈结果等，确保双方"说话"无歧义。

（2）**状态隔离**：每一次智能体与插件的通信，都通过唯一的 Session Token 隔离上下文，避免"串场"或数据混乱。

（3）**传输高效**：采用二进制压缩编码，使消息更轻量、更快传输，减少系统资源占用。

（4）**版本可拓展**：协议头部保留了版本标记，确保后续升级不影响旧插件运行，实现"向后兼容"。

这些原则明确而清晰，**让每一次智能体和插件的交互都像一次高质量、高安全的 API 调用，既可控又可升级。**

插件＋MCP＝打造智能体"超能力系统"

通过插件机制，可以灵活地为智能体扩展能力，而通过 MCP，我们能够保证这些插件之间的高效、安全协作。我们可以用一个更形象的比喻来说明插件和 MCP 的作用，即插件赋予智能体手脚，协议提供智能体血脉，**二者结合，才构成了一个真正可用、可扩展、有逻辑的智能体系统基础。**

在 4.2 节，我们将继续拆解插件在多模态能力拓展中的具体应用，看看智能体是如何"看图说话""读网页""调用接口"，以及一点点学会"感知"这个世界的。

4.2　AI 智能体插件高频使用工具集合

4.2.1　搜索与获取信息类插件

在智能体构建中，快速、准确地获取外部信息，是支撑决策与行动的第一步。使用搜索与获取信息类插件，能够让我们的智能体像"知识侦探"一样，主动触达互联网的最新动态，实时更新数据源。

1. 必应搜索

必应（Bing）搜索插件（见图 4.3），实时检索互联网上的最新信息、网页和资料链接。

图 4.3

应用价值举例：假设你正在打造一个**实时财经资讯智能体**，可以直接提问："今天苹果公司股价怎么样？"通过必应搜索插件，智能体可以实时查询最新股价走势，并返回给你（见图 4.4），而不受模型训练数据的时间限制。

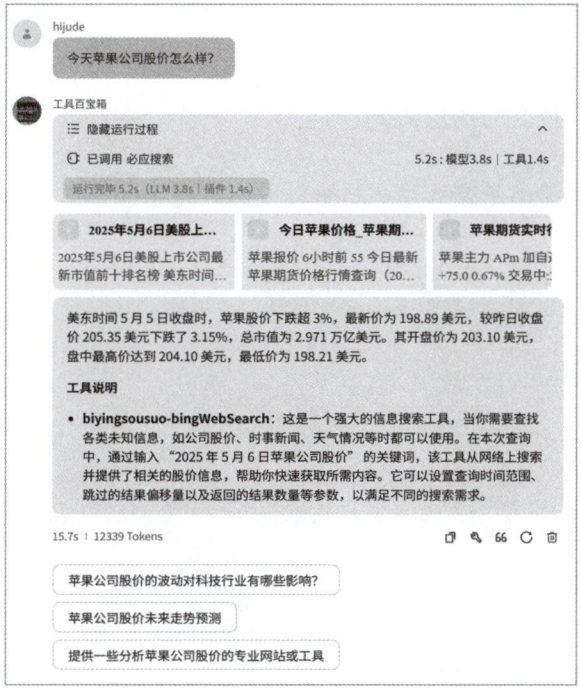

图 4.4

该插件优势：实时性强，信息收集广泛，适合需要快速情报搜集的智能体。

2. 联网问答

联网问答插件（见图 4.5）整合多个搜索源，能够跨平台抓取、比对信息，返回更全面、准确的结果。

图 4.5

应用价值举例：在构建**汽车销量监测智能体**（见图 4.6）时，通过联网问答插件，智能体可以同时检索新闻网站、论坛、社交媒体上某一品牌（比如特斯拉）的销量情况。

该插件优势：数据丰富，适合需要深度检索与比对分析的场景。

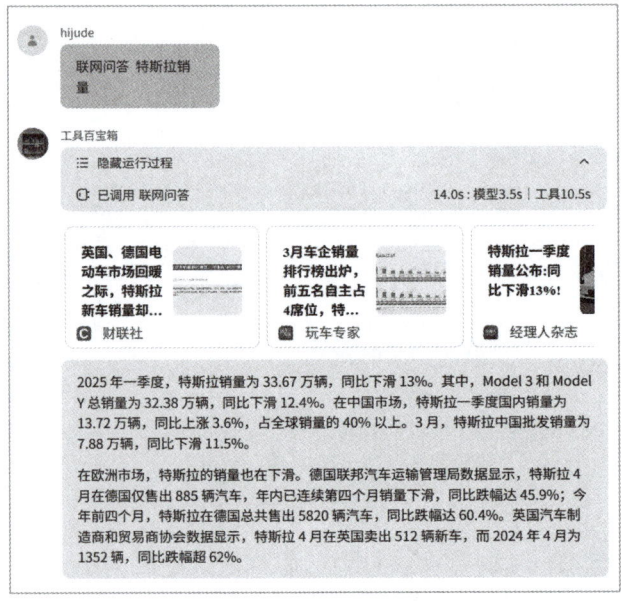

图 4.6

4.2.2　文件与文档处理类插件

在实际应用中，智能体不仅要理解用户输入的内容，还需要高效处理各种格式的文件数据。而文件与文档处理类插件，正是智能体迈向**文档理解、知识整理**的重要能力支撑，能够赋予智能体"读文档、写文档和操作表格"的能力，这将大大拓宽智能体的应用边界。

1. 文件读取

能力概述：文件读取插件（见图 4.7）支持读取网页链接中的文档内容，将其自动解析成结构化文本。不过，目前这个能力已成为大部分智能体的标配，不需要插件也可以实现。

图 4.7

以 DeepSeek 为例，当你点击右下角的回形针按钮（见图 4.8）或者其他 AI 工具（通常是加号按钮）时，AI 不仅能理解文档内容，还能对其进行深度分析和提炼。

想象这样一个场景：你需要从一份 50 页的政府政策文件中找出与你企业相关的所有优惠措施。手动阅读可能需要几小时，而且容易漏掉重要信息。但有了 AI 的帮助，你只需上传文件并提出具体问题，AI 就能迅速定位相关内容，甚至为你总结出一份简明扼要的执行清单。

图 4.8

更进一步地，这种文档解读能力是构建知识库的基础。将大量文档交给 AI 处理，我们可以创建一个智能知识体系，任何人都能通过简单的问答获取复杂文档中的专业信息，而腾讯的 IMA 就是这样一个基于知识库的强大平台。

应用价值举例：在搭建一个**合同审核智能体**时，添加"文件读取"插件，然后上传合同文件，智能体便能自动查找错别字，审核相关大小写问题（如合同金额、起止时间等），并给出风险提示（见图 4.9）。

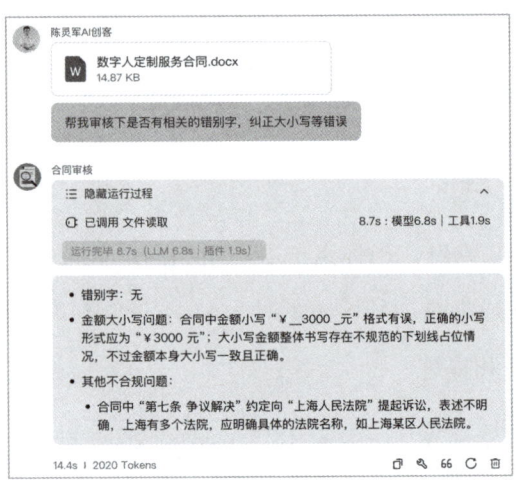

图 4.9

该插件优势：让智能体具备自主阅读与理解长文档的能力，极大提升信息处理效率。

2. Doc Maker

Doc Maker（见图 4.10）根据智能体生成的内容，一键输出标准的 PDF 格式文档，适合正式场合使用。

图 4.10

应用价值举例：在构建**自动化工作汇报智能体**时，智能体可以基于收集到的项目数据，自动撰写周报内容，并通过 Doc Maker 直接生成精美的 PDF 格式周报，发送给上级或团队成员（见图 4.11 和图 4.12）。

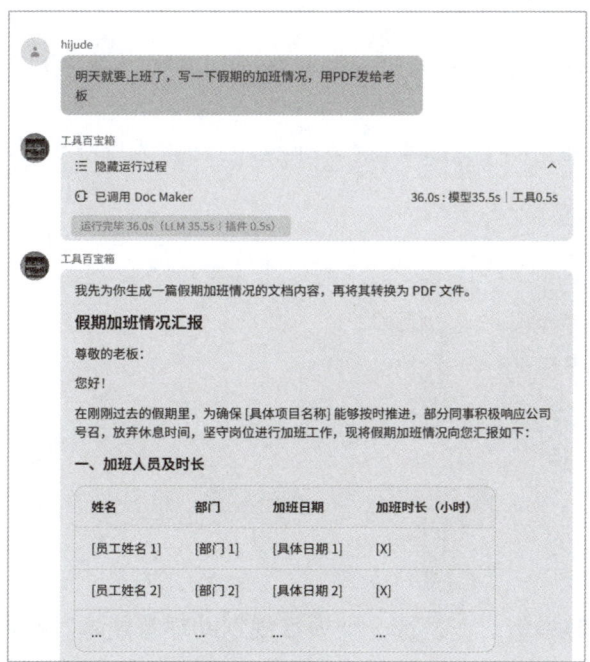

图 4.11

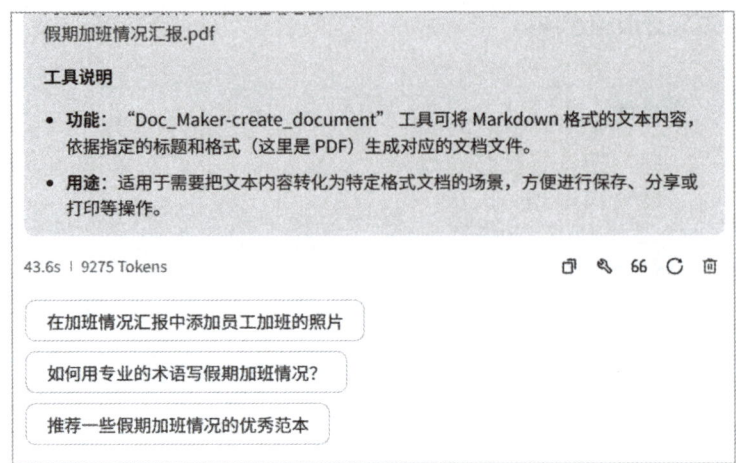

图 4.12

该插件优势：打通从内容生成到文档交付的完整链路，让智能体真正"能写、能交付"。

3. TreeMind 树图

TreeMind 树图（见图 4.13）基于 AI 自动生成思维导图，帮助用户梳理复杂信息、规划思考结构。

图 4.13

应用价值举例：在设计一个**项目规划助理智能体**时，输入"帮我策划一个新零售项目"，智能体可以调用 TreeMind 插件，快速生成一张以

"目标→策略→资源→执行步骤"为主线的清晰思维导图，极大地提升沟通效率［图 4.14（a）、图 4.14（b）］。

　　文件与文档处理类插件，赋予了智能体真正意义上的内容操控能力，而不只是文字聊天，更能系统地处理知识、交付成果，为智能办公、文档智能化打下基础。

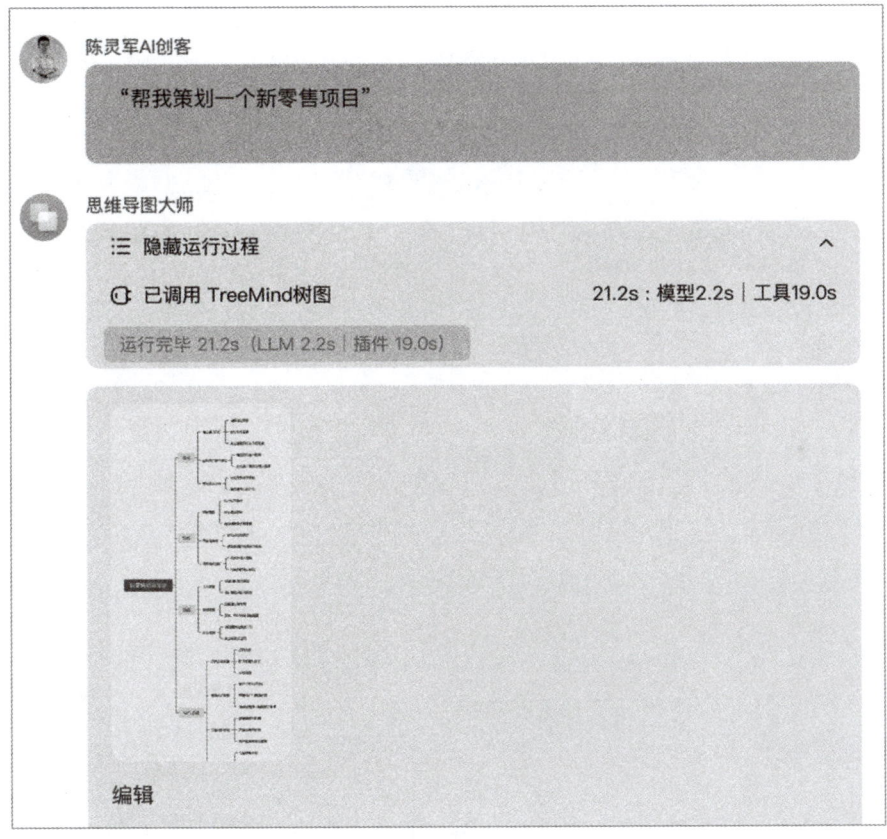

图 4.14（a）

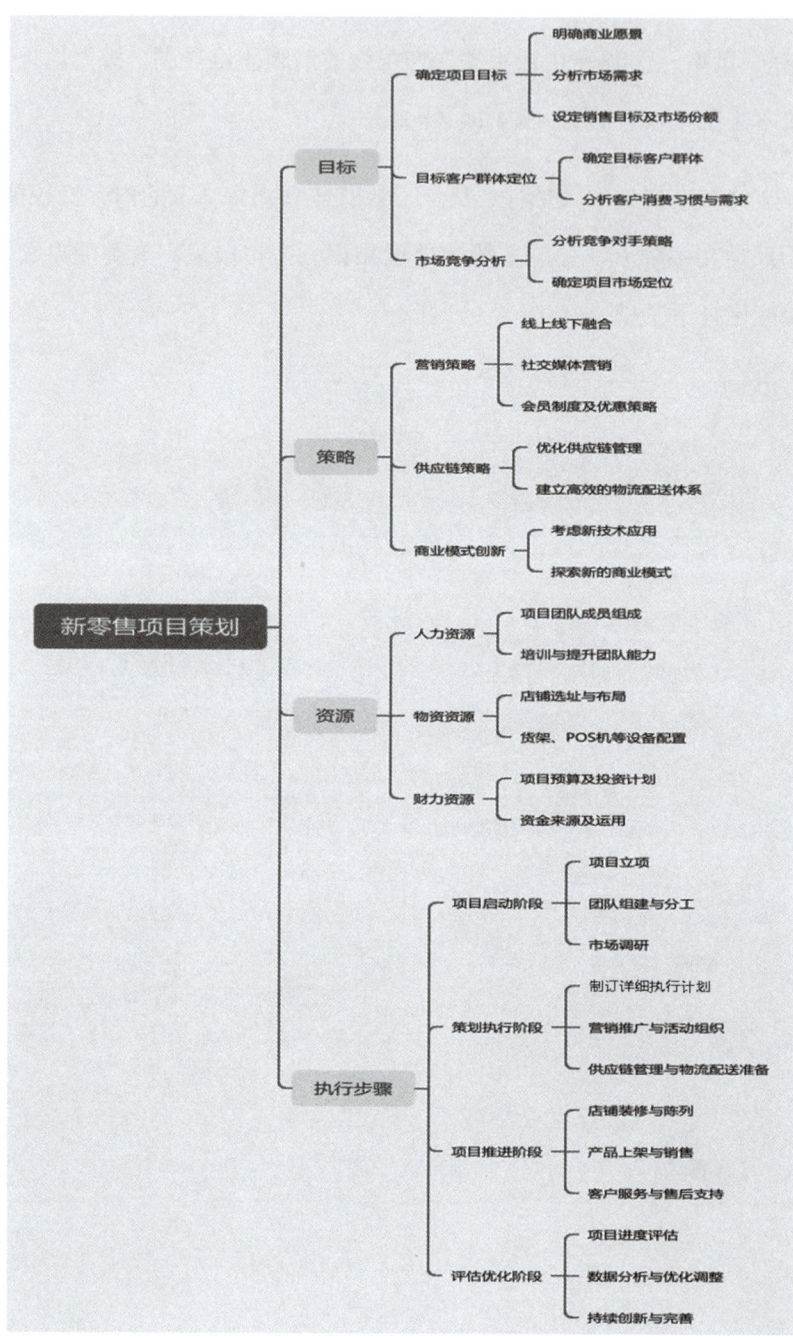

图 4.14（b）

4.2.3　图像与视觉生成类插件

在智能体的应用版图中，视觉内容处理正变得越来越重要。从图像搜索到图片生成、从视觉理解到艺术创作，图像与视觉生成类插件赋予了智能体看见世界、描绘世界的超能力。

这一节，我们重点介绍几个强大的图像与视觉生成类插件。

1. 豆包图像生成大模型

豆包图像生成大模型插件（见图 4.15）是基于大规模训练的图像生成模型，可根据文本描述自动生成高质量图像。

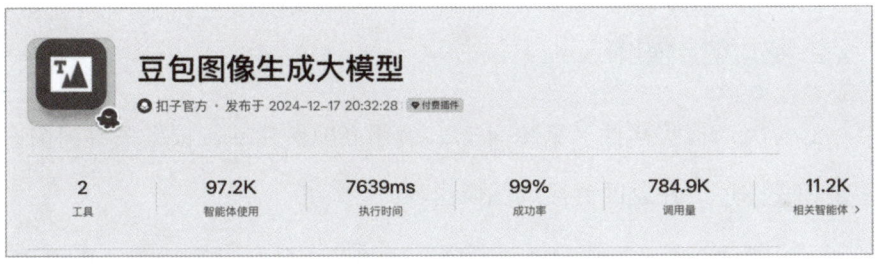

图 4.15

应用价值举例：我们想开发一个**品牌视觉智能体**，只需输入"生成清新自然风格的护肤品广告图"，智能体即可调用豆包图像生成大模型，迅速生成符合要求的视觉物料，用于营销推广（见图 4.16）。

该插件优势：它是从文本到图像的桥梁，可以快速打造视觉内容，缩短创意到执行的距离。

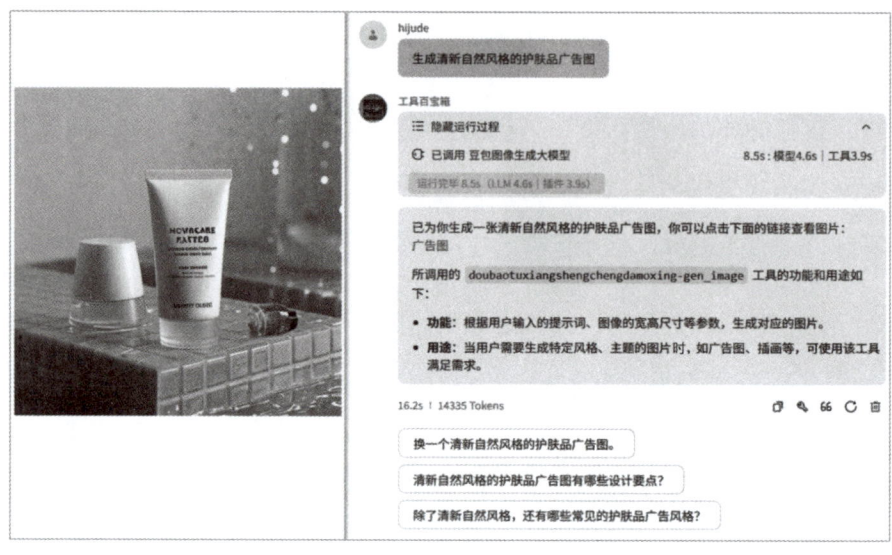

图 4.16

2. 必应图片搜索

必应图片搜索插件（见图 4.17）调用必应图片库，根据关键词快速检索相关图片，并返回链接或图像内容。

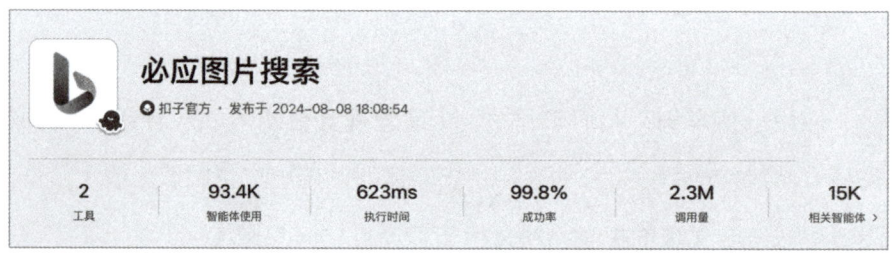

图 4.17

应用价值举例：在生成小红书图文时，智能体可以根据图文主题（如"家常菜美食菜谱"）和图文原型，自动搜索相关插图，快速找到相近的图片（见图 4.18）。

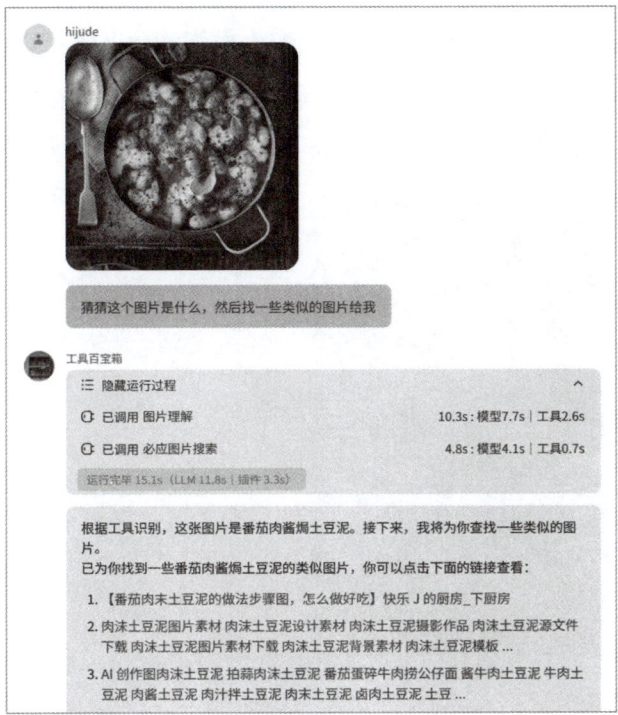

图 4.18

该插件优势：丰富的图片资源，助力资料视觉增强与信息配图。

3. ByteArtist

ByteArtist 插件（见图 4.19）根据用户描述生成艺术风格图像，支持自定义风格、数量和尺寸等细节。

图 4.19

应用价值举例：在搭建**个性化头像生成智能体**时，可以提供一个原图像的地址，并"生成卡通头像"，智能体便能调用 ByteArtist，生成独特定制的个人头像，用于社交平台或设计自己的卡通头像（见图 4.20）。

图 4.20

该插件优势：风格多变，创作自由，特别适合有定制化视觉需求的场景。

4. 图片理解

图片理解插件（见图 4.21）解析图片中的信息，例如读取图片中的文字、识别内容类别等。

图 4.21

应用价值举例：

如果我们在减肥期间希望了解对应菜谱的热量、做法、推荐食用时间等，都可以直接让 AI 来识别（见图 4.22），并且让它提供相应的专业建议。

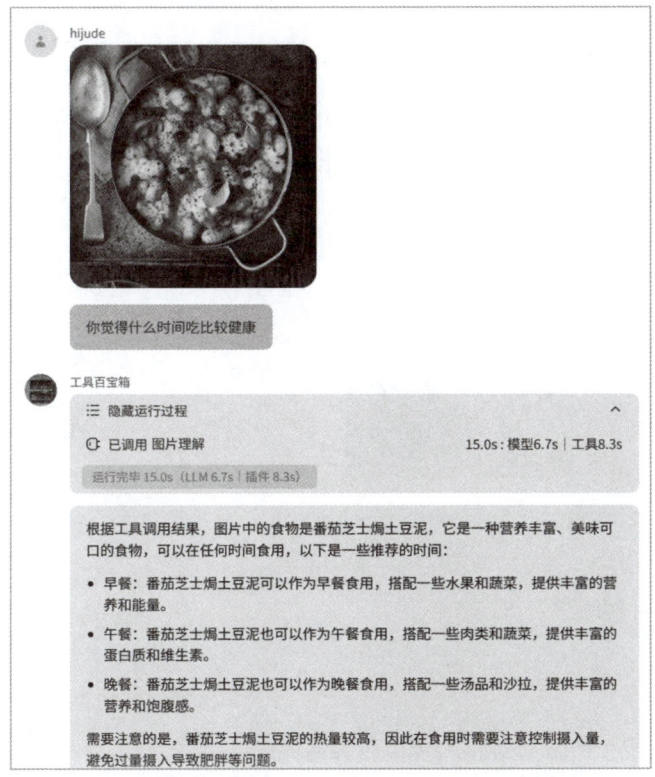

图 4.22

5. OCR

OCR 插件（见图 4.23）从图片中提取文字信息，支持标准 OCR（Optical Character Recognition，光学字符识别）识别和简易版识别。

图 4.23

应用价值举例：构建一个**文字扫描助手智能体**，用户上传相关照片后，智能体可以自动识别文本内容并提取出关键信息，比如演讲稿、贺词或颂歌等，大幅提升处理效率（见图 4.24）。

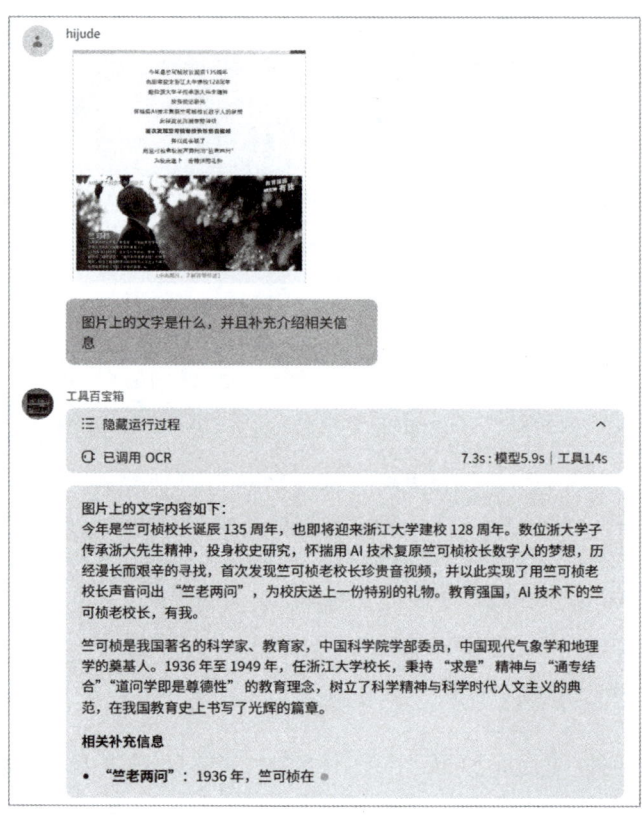

图 4.24

用好图像与视觉生成类插件，不仅能让智能体"说得清楚"，更能"画得漂亮"。这类插件将助力智能体在品牌、营销、教育、娱乐等多领域发挥巨大且强大的应用潜力。

4.2.4　音频与语音处理类插件

智能体的交互形式，正在从单一的文字输入，拓展到声音输入、声音输出，甚至音乐创作。音频与语音处理类插件，让智能体拥有了**听懂世界、开口表达、谱写旋律**的能力，极大地丰富了应用场景。

1. 语音转文本

语音转文本插件（见图 4.25）支持将音频录音内容精准转换为可编辑的文本，适配多种语音输入源。

图 4.25

应用价值举例：搭建一个**会议记录智能体**（见图 4.26），可以让参会者直接录音发给智能体，智能体自动将其转换成文本，并提取重点讨论内容或对应文案，不需要人工手动整理。

该插件优势：让智能体听得懂人说话，极大地提升实时记录和信息处理效率。

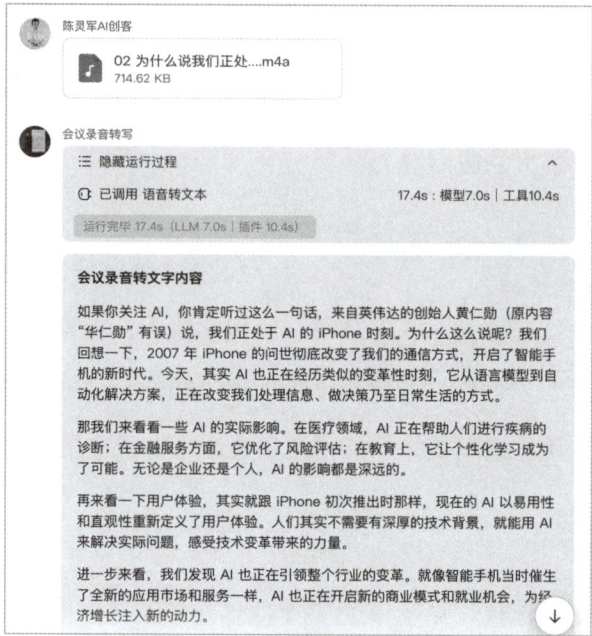

图 4.26

2. 中文文本转语音

中文文本转语音插件（见图 4.27）将中文文本内容转换为自然流畅的语音输出，支持多种发音风格。

图 4.27

应用价值举例：在打造一个**有声阅读智能体**时（见图 4.28），我们上传一个指令"写一首关于星空的七行诗，并朗诵给我"，智能体可以

自动朗读诗，形成音频文件，适合开车、运动、休息时收听，拓展内容
消费场景。

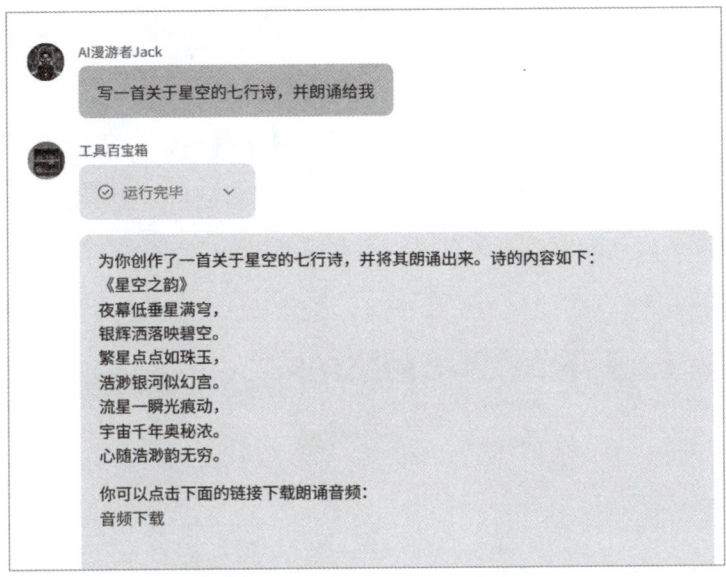

图 4.28

该插件优势：让文字"开口说话"，赋予内容声音的温度与流动感。

4.2.5　数据结构化类插件

高效的智能体，不仅能处理单条信息，还能理解任务结构、管理数
据流和组织执行步骤。本节介绍的数据结构化类插件，赋予智能体以"思
考—规划—执行"的能力，是打造专业生产力型智能体的关键武器。

1. 板栗看板

板栗看板插件（见图 4.29）基于看板管理方式，将复杂任务拆分成
清晰有序的执行列表，支持任务分组、优先级设置和状态追踪。

图 4.29

应用价值举例：在搭建一个**项目管理智能体**时，只需描述项目目标（如"帮我做一个攀岩新手的训练计划"），智能体就能调用板栗看板插件，将整个项目拆解成阶段任务，并生成看板，方便团队协作和进度追踪（见图 4.30）。

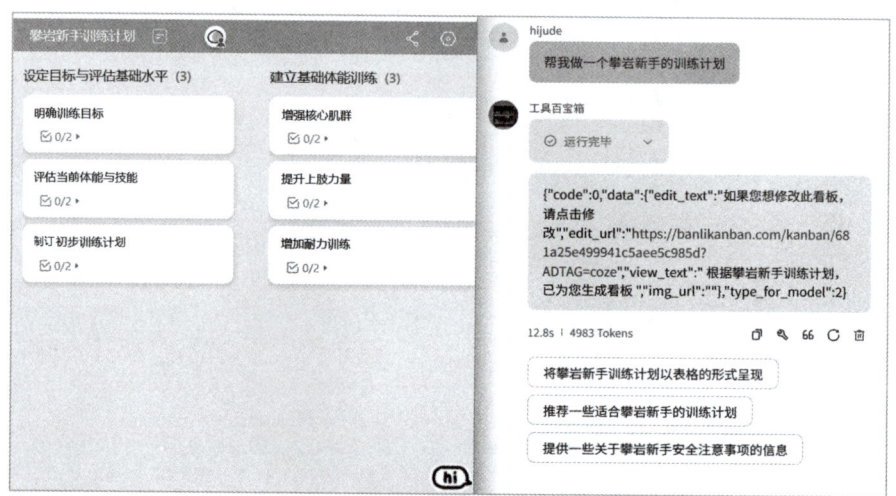

图 4.30

该插件优势：可将任务进行结构化拆解，让智能体真正做到规划可执行、管理可追踪。

2. 图表大师

图表大师插件（见图 4.31），根据提供的数据或文字描述，快速生成各类统计图表，如折线图、饼图或柱状图等。

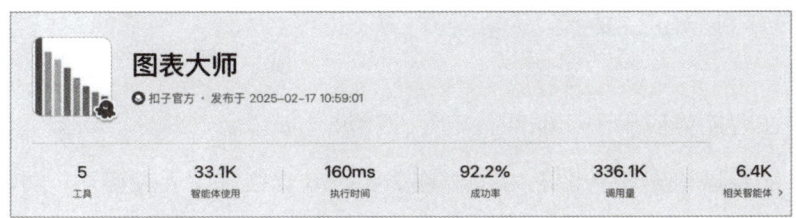

图 4.31

应用价值举例：在搭建一个**销售数据分析智能体**时，用户上传本季度销售数据，智能体可以调用图表大师插件，自动生成销售趋势图和地区分布图，并附上关键洞察点，助力决策优化（见图 4.32）。

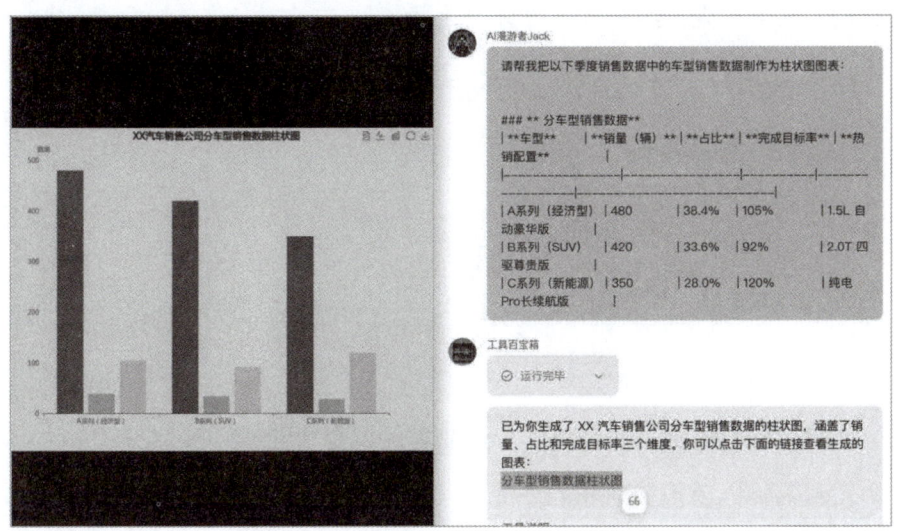

图 4.32

该插件优势：让数据不仅可读，更可以实现可视化。

数据结构化类插件，赋予了智能体完成从"理解指令"到"拆解执行"再到"成果输出"的闭环能力，让 AI 从被动回应变成真正意义上的自主工作助理。

4.2.6 专业领域检索类插件

在智能体应用中，面向特定专业领域（如金融、法律、科研、汽车等）的数据检索和分析能力越来越重要。专业领域检索类插件，可以让智能体基于真实权威数据，给出专业可靠的支持，极大地增强了智能体的实用性和可信度。

1. 天眼查

天眼查插件（见图 4.33）可以查询中国境内企业的注册信息、股权结构、法人代表、经营状况等官方数据。

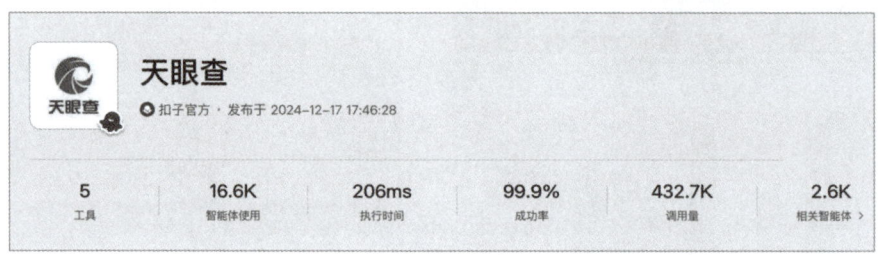

图 4.33

应用价值举例：在搭建一个**企业背景调查智能体**时（见图 4.34），用户只需输入公司名（如"字节跳动"），智能体即可自动检索天眼查数据，生成企业概况、历史变更、股东构成等完整分析报告，辅助用户做商业决策。

该插件优势：权威数据支撑，帮助智能体进行精准企业画像与风控预警。

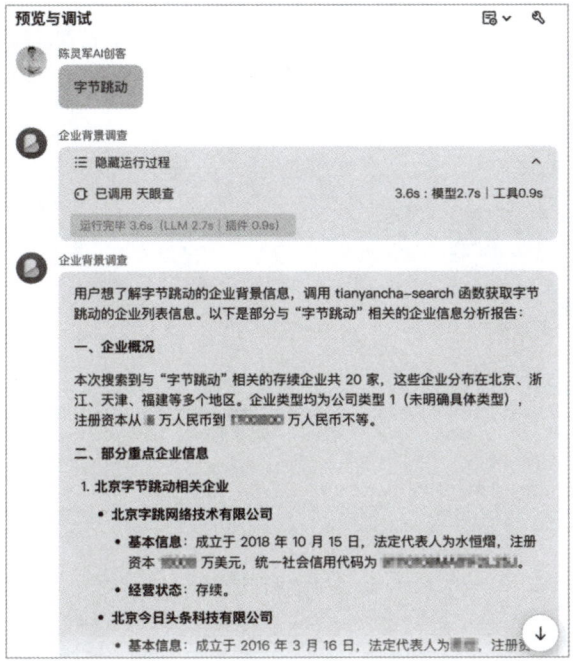

图 4.34

2. 懂车帝

懂车帝插件（见图 4.35）可查询汽车品牌、型号、价格、配置、用户口碑等详细信息，覆盖国内主流车型。

图 4.35

应用价值举例：在开发一个**智能选车顾问智能体**时（见图 4.36），

可以提问："小米 SU7 多少钱？"智能体调用懂车帝插件，筛选符合条件的车型，并输出不同型号的对比推荐。

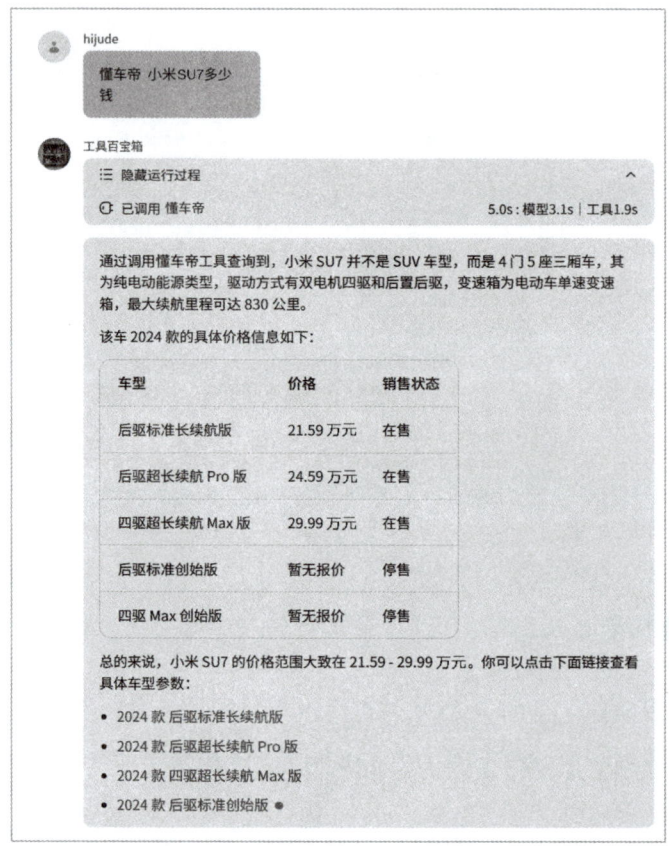

图 4.36

该插件优势：结构化汽车信息库，助力智能体做出个性化购车推荐。

3. Wolfram Alpha

Wolfram Alpha 插件（见图 4.37）可进行数学计算、科学推导、数据查询等。

图 4.37

应用价值举例： 设计一个**小学奥数计算智能体**（见图 4.38），用户输入公式，智能体通过 Wolfram Alpha 快速返回奥数题的解答、单位换算等，极大地提升了解题效率。

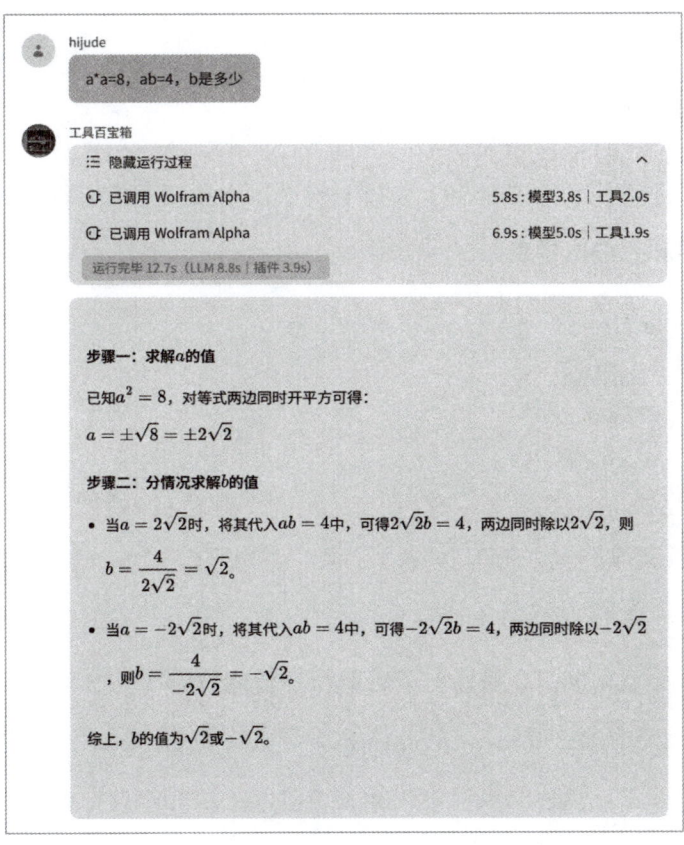

图 4.38

专业领域检索类插件，让智能体真正具备了**专业咨询顾问级别的洞察与服务能力**，无论是做企业调研、投资决策，还是科学探索、消费引导，都大大拓宽了应用边界。

4.2.7 出行与生活助手类插件

除了在专业领域提供支持，智能体也正在走向更加贴近日常生活的方向。通过出行与生活助手类插件，智能体可以为用户提供**航班动态、交通导航、天气预报、旅行规划**等即时服务，真正成为人们的随身智能助手。

1. 飞常准

飞常准插件（见图 4.39）实时查询全国主要机场的航班起降时间、延误状态和登机口信息等。

图 4.39

应用价值举例：在搭建一个**出差行程智能体**时（见图 4.40），输入"北京到杭州有哪些航班"，智能体除了给出航班号，还列出了航空公司、航班是否准点、预计登机口、实际到达时间等信息，并根据延误情况自动调整后续安排。

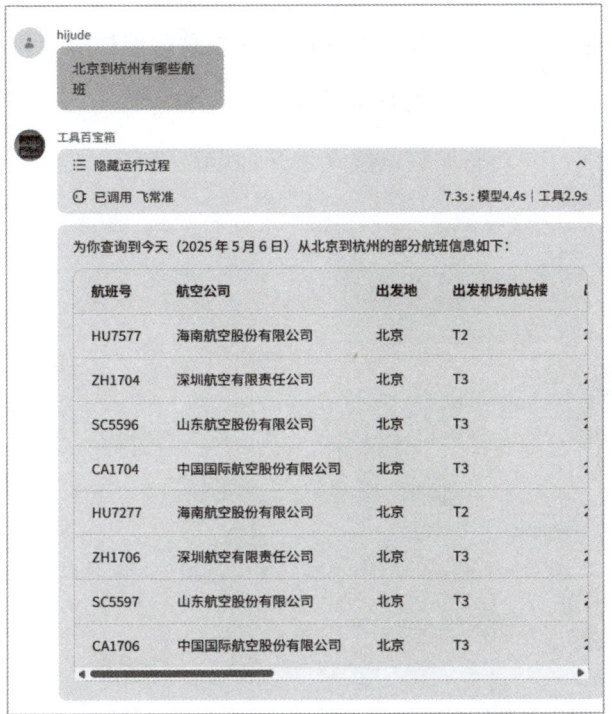

图 4.40

该插件优势：实时航班监控，让智能体成为精准高效的出行管家。

2. 高德地图

高德地图插件（见图 4.41）调用地图服务，进行路径规划、地点搜索和交通状况查询。

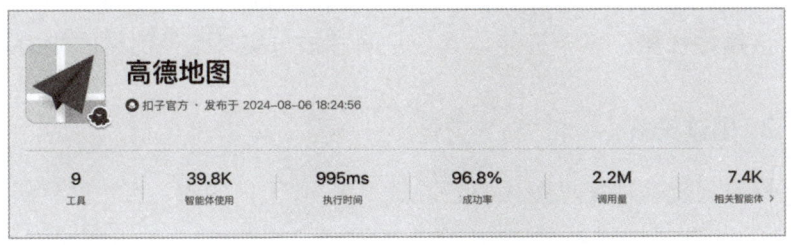

图 4.41

应用价值举例：在开发一个**智能出行规划智能体**时（见图 4.42），输入"从杭州西湖到萧山机场最快路线"，智能体可以调用地图插件，规划最优路线，并动态调整路线（避开拥堵路段）。

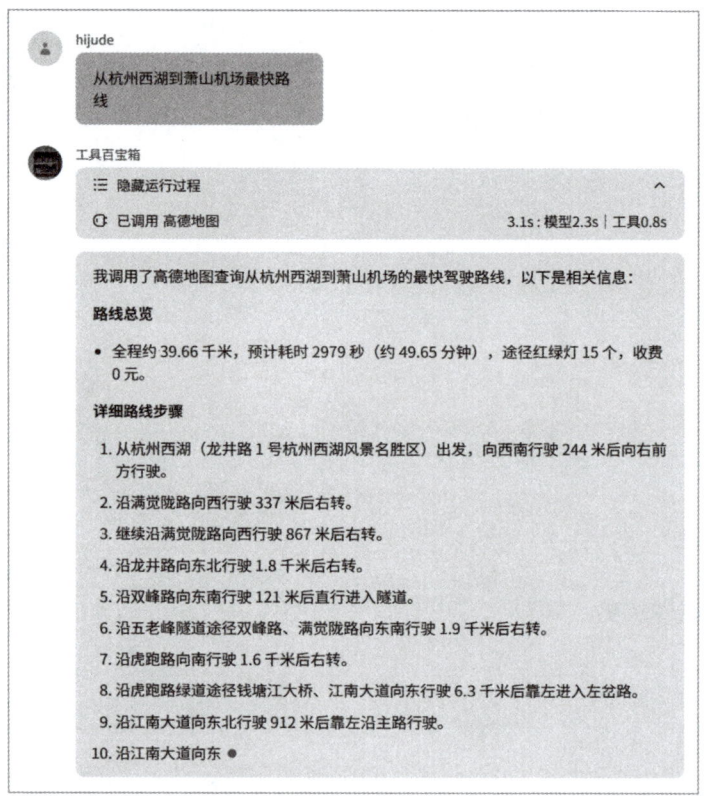

图 4.42

该插件优势：赋予智能体具备空间感知与实时路径优化的能力。

3. 墨迹天气

墨迹天气插件（见图 4.43）提供未来 40 天内的省、市、区县级别天气预报信息。

图 4.43

应用价值举例： 在为旅游行业打造一个**智能行程规划智能体**时（见图 4.44），可以让智能体调用墨迹天气插件，根据目的地未来天气情况，分析今天是否适合跑步或运动，以及推荐最佳出行日期和准备事项，如"下周三降雨概率高，请带伞"。

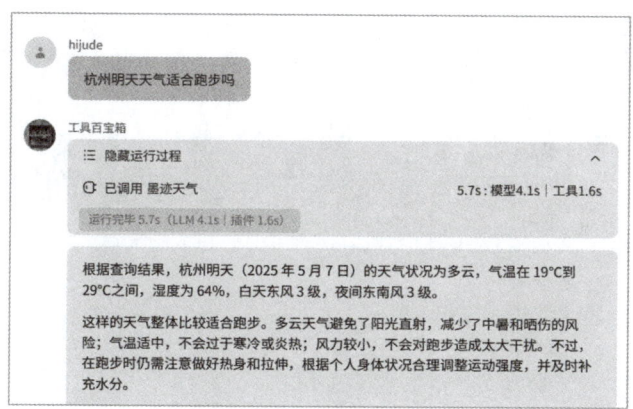

图 4.44

4.2.8　代码执行与开发辅助类插件

在智能体的进阶应用中，越来越多的智能体开始需要动手写代码、执行脚本和完成开发相关的任务。代码执行与开发辅助类插件，可以让智能体真正具备"思考+行动"的技术生产力，迈向自主开发型智能体的新阶段。

代码执行器插件（见图 4.45）允许智能体实时运行 Python 代码，包括进行数学计算、数据处理、文本处理、API 交互、逻辑推理等，执行结果可实时反馈。

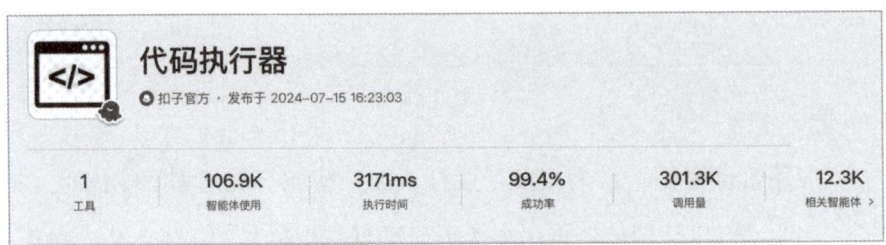

图 4.45

应用价值举例：

以房贷计算器为例，参考如下提示词（见图 4.46）。

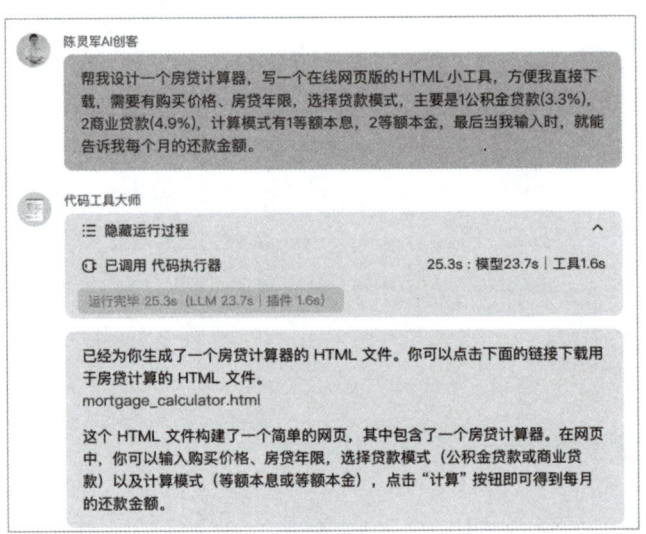

图 4.46

"帮我设计一个房贷计算器，写一个在线网页版的 HTML 小工具，方便我直接下载，需要有购买价格、房贷年限，选择贷款模式，主要是 1

公积金贷款（3.3%），2 商业贷款（4.9%），计算模式有 1 等额本息，2 等额本金，最后当我输入时，就能告诉我每个月的还款金额。"

代码能力方面，目前较好用的大语言模型是 DeepSeek-V3 模型（见图 4.47），以及 Claude 模型，生成代码后，点击"立即运行"，即可立刻演示运行（见图 4.48）。另外，Coze 的代码能力也在快速迭代中。

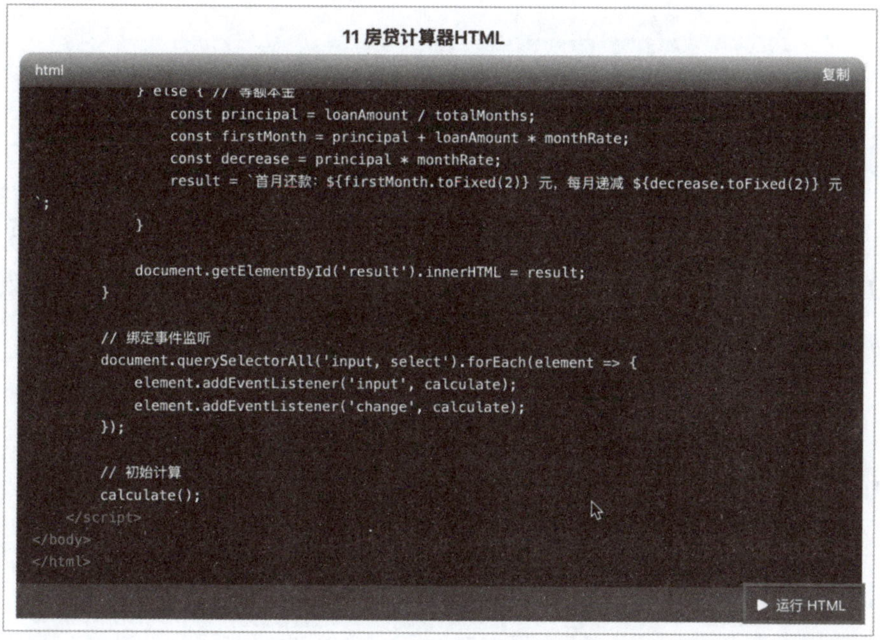

图 4.47

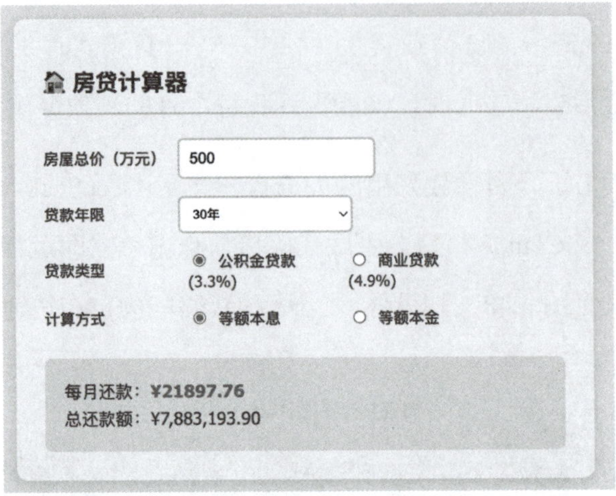

图 4.48

类似场景还有很多，比如我在写本书时，给自己设计了一个倒计时 HTML 小工具（见图 4.49），它会提醒我距离截稿时间还有多久，以及每过一个阶段就会给我一句暖心的提示。

图 4.49

在本章，我们一起探索了为智能体赋予"超能力"的秘密武器——插件。从理解插件的本质、MCP，到逐一剖析各高频插件的核心能力与应用场景，读者应该已经对如何利用插件极大地拓展智能体的功能边界有了清晰的认识。

我们将所有插件汇总到表 4.1 中，方便读者随时查阅和比较。

表 4-1

插件类别	插件名称	核心能力	典型应用场景
搜索与获取信息	必应搜索	实时检索互联网信息	新闻摘要、热点追踪
	联网问答（综合搜索）	跨平台信息整合与比对	舆情监测、深度搜索
文件与文档处理	文件读取	文档内容解析	合同审核、资料整理
	Doc Maker	生成 PDF 文档	工作汇报、合同归档
	TreeMind 树图	思维导图绘制与组织	知识梳理、项目规划
图像与视觉生成	豆包图像生成大模型	文本生成图像	海报设计、内容配图
	必应图片搜索	网络图片检索	PPT 素材搜索、新闻配图
	ByteArtist	艺术风格图像生成	个性化头像、视觉营销
	图片理解	知识梳理、项目规划	图片分类、场景识别
	OCR	文字图像识别转换	信息识别、文档数字化
音频与语音处理	语音转文本	音频录音转文字	会议记录、采访整理
	中文文本转语音	文字朗读	有声读物、播报提醒
数据结构化	板栗看板	任务拆解与进度追踪	项目管理、任务协作
	图表大师	自动生成图表	销售分析、趋势汇报
专业领域检索	天眼查	企业背景信息查询	商业调研、风控审查
	懂车帝	汽车信息检索	选车推荐、购车助手
	Wolfram Alpha	学术研究	数学计算、科学研究
出行与生活助手	飞常准	航班实时查询	出行规划、行程管理
	高德地图	路线规划、交通查询	智能出行助理
	墨迹天气	天气预报	智能出行助理
代码执行与开发辅助	代码执行器	运行 Python 脚本任务	数据分析、自动化开发

我们看到，无论是让智能体实时获取网络资讯的"必应搜索"，还是能读懂复杂文档的"文件读取"，抑或能妙笔生花的"豆包图像生成大模型"，每一个插件都像一块独特的拼图，组合起来就能构建出功能强大、应用广泛的多面手智能体。在下一章，我们将进入智能体能力进阶的核心——工作流（Workflow）编排。

第 5 章

AI 智能体工作流，
让 AI 协作干活

在前几章学习中，我们已经为智能体装备了强大的"大脑"（大语言模型），也学会了如何给它下达清晰的"指令"（提示词），甚至还给它配备了各式各样的"工具箱"（插件）。现在的智能体，已经能独立完成不少单点任务了。但是，现实世界中的许多工作并非一步能完成，往往需要一系列连贯的操作。比如，生成一份市场报告，需要先搜索竞品信息，再分析数据，最后生成图文并茂的文档。

本章将聚焦于智能体能力进阶的核心——**工作流编排**。我们将一起探索如何将独立的插件调用、数据处理、逻辑判断等步骤巧妙地串联起来，设计出自动化的任务执行流程。

5.1 AI 智能体工作流简介

要构建智能体工作流，首先需要理解其概念。本质上，**工作流**指的是为实现特定目标而执行的一系列有序的任务或操作，它体现了这些任务或操作之间的先后顺序和逻辑关系。简单来说，就像工厂里的装配线按照既定流程生产产品一样。

在智能体领域，我们经常提到的**"工作流编排"**，就是把多个任务（如调用插件、处理数据、生成内容）以及与用户的交互逻辑有机地组合在一起，形成一个自动化的执行流程，交由智能体自主完成。通过工作流编排，一个智能体不再局限于回答一个问题，而是可以连接"思考"与"行动"，根据复杂需求，连续地思考、查询、计算、判断、执行，直到完成整个任务链条。

举个例子，图 5.1 是一个最简单的工作流单元展示图，当我们输入某

个小红书笔记链接后，就可以启动这个工作流，来提取小红书笔记的配
套图文信息（见图 5.2）。

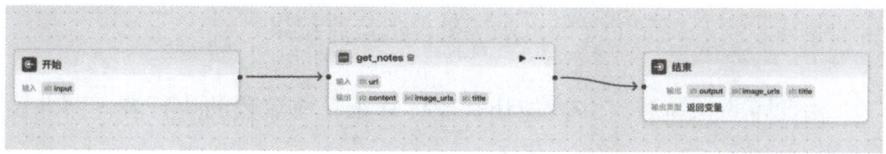

图 5.1

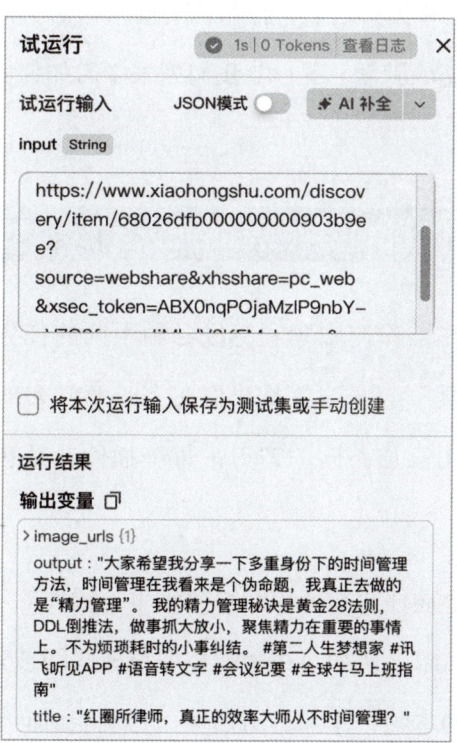

图 5.2

再举一个反面例子。如果没有工作流，一个客服智能体也许只能回
答用户提出的单一问题，比如"订单状态是什么？"但有了工作流，它
就可以实现更复杂的自动化服务：先通过插件获取用户的订单 ID，再调

用订单查询 API 获取状态，接着根据状态（如"已发货"）生成人性化的回复，最后将包含物流信息的完整答案发送给用户——这一连串步骤自动完成，用户得到的是经过加工处理的最终结果。

由此可见，构建工作流能让智能体真正变成**流程的执行者**，而非仅仅是单次对话者。

在了解了概念和优势之后，你可能会好奇，怎样才能设计出一个高效的智能体工作流？别急，下一节我们先来学习如何实现工作流的基础拼图。

5.2 AI 智能体插件组合思路

要让智能体在工作流中顺利完成各种不同的任务，我们需要为它装备相应的"工具"——这就是我们在上一章学习的插件。这就好比给多功能瑞士军刀添加不同的刀刃：每个插件就是智能体的一种特定能力。

通过组合多个插件，智能体能够突破单一插件的功能限制，处理更复杂、跨领域的需求。例如，在智能体中集成联网搜索插件，它就获得了实时获取信息的本领；添加日历插件，它就能访问你的日程并为你安排计划；再加入邮件发送插件，它就能自动将结果通知给你。

那么如何合理地组合插件呢？核心思路是围绕你的任务目标，按需选择并集成相关功能模块，而非贪多堆砌。请尝试以下步骤。

1. 明确任务目标，罗列所需功能

首先清晰地告诉智能体，你希望智能体最终完成什么任务。然后，逆向思考或顺向分解，列出如果要完成这项任务，智能体需要拥有哪些具体的功能或执行哪些步骤。

示例：你想要一个"每日新闻简报生成与发送"智能体。所需功能包括：

（1）获取指定领域（如科技、财经）的最新新闻。

（2）对新闻进行摘要总结。

（3）将摘要格式化为简报。

（4）将简报通过邮件发送给指定邮箱。

2. 匹配插件，各司其职

针对上一步列出的各种功能，在 Coze 插件市场或其他可用插件库中寻找能够实现这些功能的插件。

我们为每种功能选择最合适的插件。

（1）获取新闻：联网搜索、新闻 API 插件。

（2）摘要总结：大语言模型自身能力或专门的摘要插件。

（3）格式化：大语言模型自身能力。

（4）邮件发送：邮件发送插件。

3. 考虑协同与数据流转

首先，思考这些插件在工作流中如何协同工作，以及它们之间如何传递数据。还要知道前一个插件的输出（Output）往往是后一个插件的输入（Input）。然后，要确保插件之间的数据格式能够兼容或可以通过简单处理进行转换。

示例：通过插件输出新闻链接列表→网页读取插件，读取链接内容→大语言模型处理文本生成摘要→邮件发送，插件将摘要作为邮件正文发送。

4. 精简与优化

首先，检查所选插件组合是否是必需的，有无冗余。有时一个插件可能具备多种功能，或者大语言模型本身就能完成某些简单处理，不需要额外插件。然后，优先选择官方认证、评价高、稳定性好的插件。插件并非越多越好，关键是让每个插件都有明确分工，并在工作流中高效、可靠地发挥作用。

通过以上思路筛选并组合插件，我们就为智能体打造了一个强有力的"工具箱"。插件组合的艺术在于平衡：既要覆盖核心需求场景，又要避免不必要的复杂性。

插件准备就绪后，智能体已经拥有了完成任务所需的各种能力。但仅有能力清单还不够，我们还需要告诉智能体何时该用哪项能力、先做什么后做什么。这正是智能体工作流设计的下一步：任务拆解与路径规划。

5.3　任务拆解与路径规划

当拿到一项复杂任务时，我们会下意识地把它分解成几个小步骤去完成，而设计智能体工作流时也应遵循这一思路。

任务拆解就是将宏大的目标分割成若干独立的小任务，让每一步都聚焦于单一子问题；**路径规划**则是确定这些子任务的执行顺序和逻辑，让它们串联成完整流程。

1. 任务拆解：分而治之

拆解复杂问题，就像把一座大山分解成可以搬运的石块。每个子任务尽量做到可以独立承担一项职责。举个例子，如果我们要构建一个智能体来回答用户关于某款产品的疑问，可能涉及以下子任务。

（1）意图解析：首先解析用户输入，理解他究竟在问什么（例如，识别出产品名称和具体询问的属性）。

（2）数据检索：根据解析结果，到产品数据库或知识库中提取相关信息（比如，找到该产品的规格参数或用户评价）。

（3）核心处理：调用大语言模型或算法，对检索到的信息进行推理、整理，生成回答内容。

（4）结果输出：最后，对生成的回答内容进行格式化或筛选，确保以用户容易理解的形式呈现。

上述每个任务节点各司其职，互相解耦。这种设计保证了即使某一环节需要调整或升级，整个工作流仍然稳健，不会牵一发而动全身。此外，任务拆解还能帮助我们发现是否遗漏了哪个步骤。当我们能把"大事"拆解成一系列"小事"时，往往对问题的理解也更加透彻。

2. 路径规划：串联步骤

有了子任务清单，接下来要决定它们的先后次序和逻辑关系，也就是绘制流程图。最简单的情况是线性流程：按固定顺序一步步执行。例如，在上面的产品问答场景中，其步骤就严格按"意图解析→数据检索→核心处理→结果输出"排列。而更复杂的情况是存在**条件分支**和**循环反馈**。

条件分支是指，根据不同情况选择不同路径。例如，如果用户的问题中已经提供了足够信息，也许可以直接跳过检索环节；或者当检索结果为空时，走另一条备选路径（比如回复"抱歉，未找到信息"）。通过条件判断，智能体工作流可以对不同输入情境做出动态响应。我们在设计时要清晰列出每种可能性，并为不同情况规划相应动作，确保无论用户怎么提问，流程都有合理走向。

循环反馈是指，某些任务可能需要多次尝试或循环执行，直到满足条件为止。例如，当智能体在尝试用不同方法解决问题时，可以加入一个"反思与重试"的循环：如果首次执行结果不理想，根据反馈调整策略再试一次。这类似于人类在解决问题时的反复试错行为。在路径规划阶段，可以考虑是否需要这样的反馈机制。但要注意控制循环的次数或设置退出条件，防止智能体陷入无限循环。

当你完成了任务拆解和路径规划后，不妨将这个流程写下来甚至画成简易流程图，这将成为智能体开发的**蓝图**。同时，这个规划过程本身也是对方案的检验，当流程顺畅形成闭环时，才是真正设计好了一个有效的工作流。

5.4　实践案例：城市气象卡片智能体

现在让我们通过一个案例，把理论落地为实践。

1. 确定具体任务

首先，确定一个具体任务。建议从小处着手，挑选一个相对简单又实用的场景。你可以让智能体每天早上发送一张城市气象卡片，内容包括对某个城市当日天气的图文介绍。

比如，当我输入"杭州"后，它就给我发送了一张当地的城市气象卡片（见图 5.3）。

图 5.3

2. 匹配插件

根据任务需求，列出智能体需要具备的功能。然后，为每种功能准备相应的插件或工具接口。例如，如果你的目标是搭建城市气象卡片智能体，它需要获取天气信息，那么对应的插件可能是**天气查询 API、大语言模型，以及图片生成 API**。最后，还要确保你能够获取或访问这些插件，很多公开 API 或现有平台插件商店都提供现成的工具。

3. 设计工作流流程

梳理智能体执行任务的详细步骤和顺序。

在纸上或文档中写出每一步做什么，并标明用到了哪些插件。例如，对于城市气象卡片智能体，其流程（见图 5.4）是：输入城市、时间→（a）调用天气插件，获取今天天气信息→（b）根据得到的信息，拼接生成问候语句（由智能体的大语言模型完成）→（c）生成配套城市当日天气的图文→（d）将城市气象卡片输出给用户→工作流完成。

注意流程中的数据传递，例如步骤（a）获得的天气信息将用于步骤（c）的内容生成。要确保每一步衔接合理，没有遗漏。

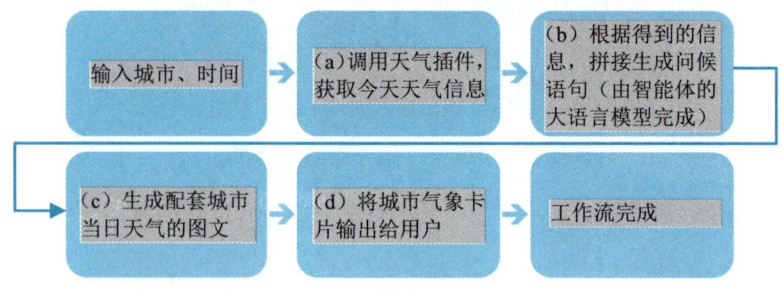

图 5.4

4. 实施与配置

根据设计的流程，在你选择的智能体开发平台或框架中实现工作流。这一步可能涉及一些简单的配置，但现在有许多对零基础用户非常友好的平台，这些平台已经图形化了流程配置，我们可以拖曳模块来搭建工作流。

我们在搭建一个智能体时，都需要按照平台要求安装和启用相应插件，并设置好每个步骤的触发条件和执行内容。延续上一例，我们需要在 Coze 平台新建一个智能体脚本：首先，添加一个调用天气 API 的节点，然后添加一个调用日历 API 的节点，最后把结果交给大模型生成文字并输出。每个节点要设置好顺序和参数。而整个实现过程就像在"搭积木"——一步步把预想的流程拼装起来。

登录 Coze 官网，创建属于自己的工作流（见图 5.5）。

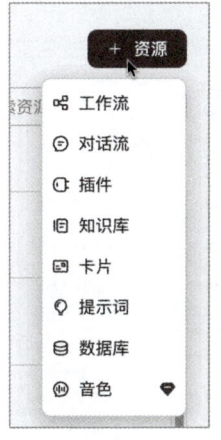

图 5.5

输入工作流名称和工作流描述（见图 5.6）。

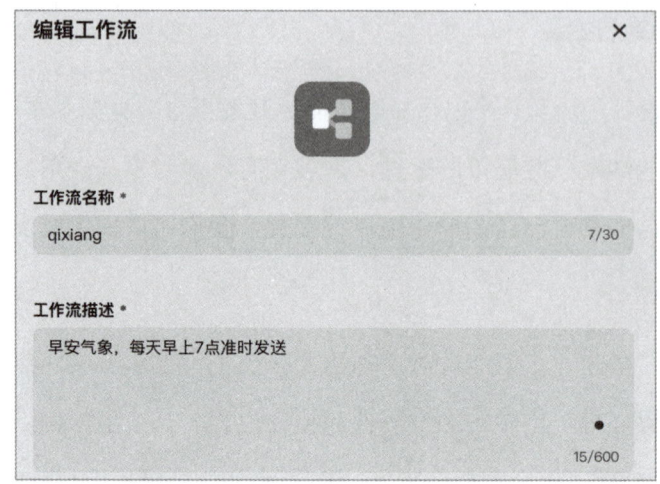

图 5.6

在实际页面中，一开始只有"开始"和"结束"两个模块，如果需要搭建相关的智能体，则需要在中间添加相关节点（见图 5.7）。根据刚才的示范流程，我们需要用到：墨迹天气插件（见图 5.8）、图片生成插件和图片合成的插件。

图 5.7

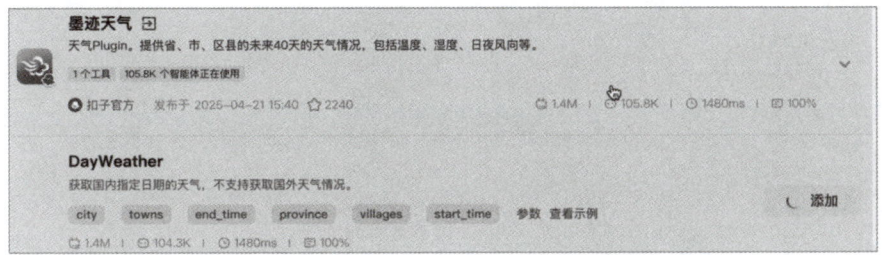

图 5.8

依次添加相关插件，然后做好相关的设置部署（见图 5.9）。

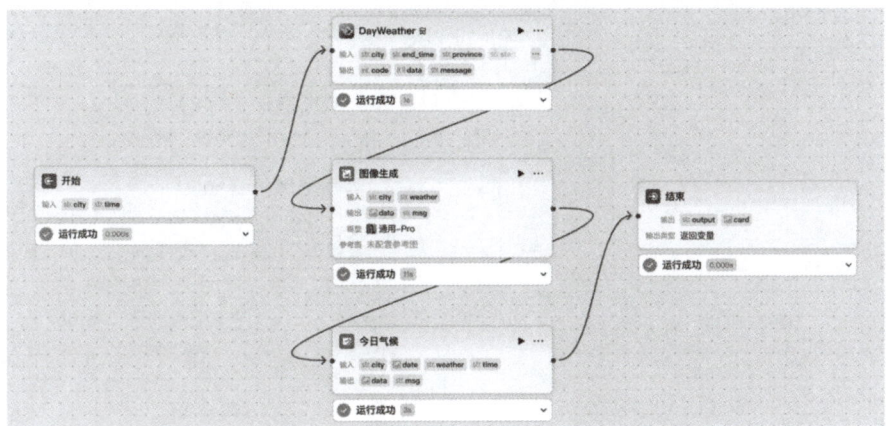

图 5.9

其中每个模块的设置如下（见图 5.10～图 5.13）。

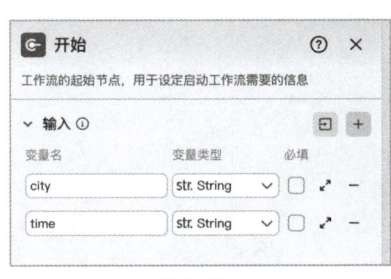

图 5.10

图 5.11

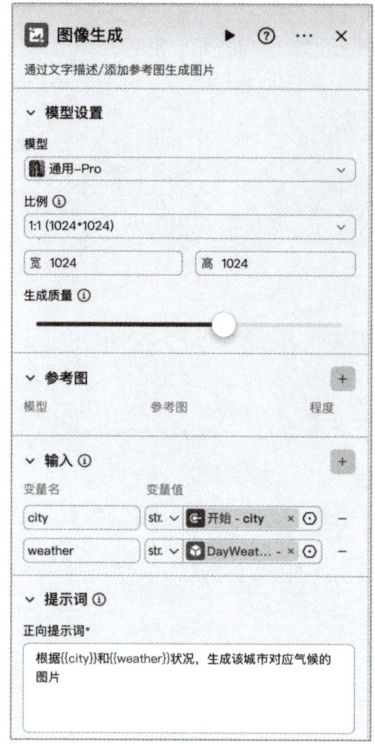

图 5.12

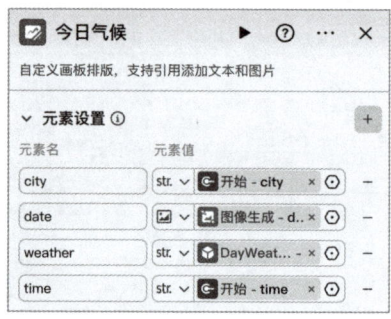

图 5.13

添加画布，设置布局如下（见图 5.14）。

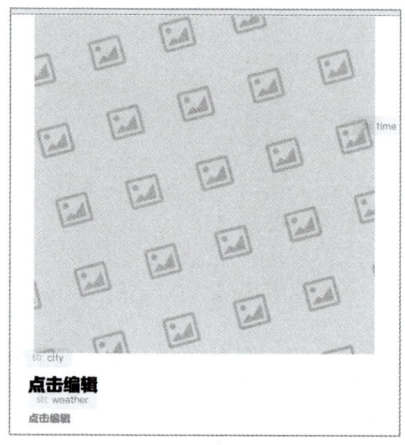

图 5.14

5. 测试运行

设置输出变量（见图 5.15），完成上述操作后，给智能体一次试跑的机会（见图 5.16），点击"试运行"，就可以手动触发工作流，检查它是否按照规划在工作。

图 5.15

图 5.16

在测试时，要关注每个节点的输出是否符合预期，例如，天气信息是否正确获取，图片是否正确生成，最终生成的问候内容是否通顺、有用。如果有任何一步的结果不对，需及时暂停并调试。在测试过程中，我们可能会发现一些意外情况，比如字体颜色和图片颜色有冲突等，这些问题都是正常的，也只有通过测试我们才能发现问题并完善它们。

6. 调整和优化

根据测试反馈，对工作流进行调整和优化，可能包括调整执行顺序、增加漏掉的步骤，或者在某些关键节点加入结果检查和错误处理机制。以城市气象卡片智能体为例，你或许希望加入**异常处理**：当天气 API 调用失败时，智能体应有替代措施（如稍后重试或给出提示），又或者希望输出的问候语更个性化，此时可以在内容生成步骤增加一些模板或风格设定。经过一轮或多轮迭代，我们的智能体工作流将会变得更加健壮和贴合需求。

如果生成的图片满足需求（见图 5.17），那么，我们的第一个智能体工作流已经搭建成功。这意味着这个智能体不再只是"回答问题"，而是能够真正自动化地为我们执行包含多个步骤的连续任务了。我们可以将这个成果应用到实际场景中，比如每天让它自动运行生成其他城市的气象卡片，或者在需要时手动触发生成特定日期的城市气象卡片。

图 5.17

　　如果在这个过程中遇到困难也不要气馁，构建工作流的技能就像搭积木，需要熟能生巧，而一次成功的实践将为我们后续开发更复杂的智能体奠定基础。

　　现在，我们的智能体不仅拥有了"大脑"、"指令系统"和"工具箱"，更具备了"按流程办事"的能力。但是，一个真正强大的助手，除了能干活，还需要有"记忆"和"知识储备"能力。下一章，我们将一同探索智能体的"外部大脑"——**知识库**。

第 6 章

构建你的 AI 智能体知识库

想象一下，一个智能体拥有一个属于自己的"知识库"，无论何时遇到问题，都能像图书管理员一样迅速调出信息来解答。这个**知识库**正是智能体的大脑外扩，能够通过存储、组织和检索知识，为智能体提供强大的支持。

简单来说，**知识库（Knowledge Base）是一个存储、组织和检索知识的系统化数据存储结构**（见图6.1）。它的核心目标是**将外部知识转化为模型可调用的数据形式**，便于智能体进行高效检索、匹配与推理，从而显著提高智能体对复杂问题的理解与回答的准确性。

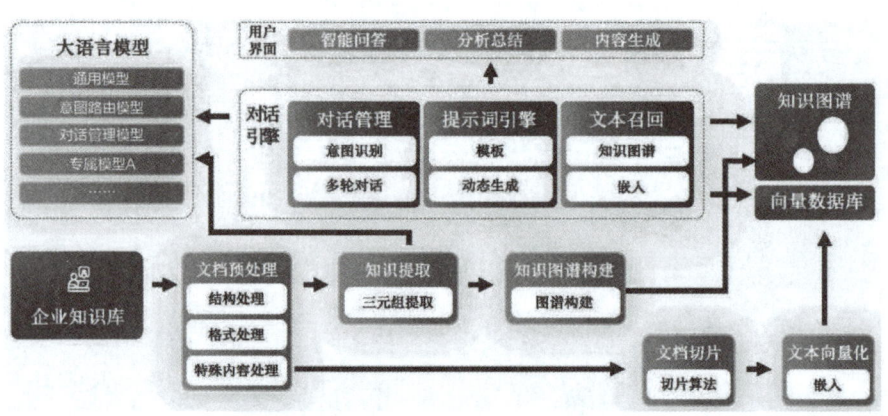

图 6.1

对于一个 AI 模型而言，训练数据并非覆盖所有最新信息，而有了知识库，智能体就等于有了一座随取随用的"知识仓库"。无论是最新的行业资讯还是企业内部的专有资料，都可以转化进知识库中，供智能体调用。这不仅拓展了智能体的知识广度，还提升了智能体回答的可靠性——当面对超出模型固有知识范围的问题时，智能体可以查询知识库获取权威信息，避免编造答案或答非所问。

本章将详细介绍三种数据结构类型，以及如何利用数据构建强大的智能体知识库。

6.1　主流知识库数据结构

为了高效地存储和使用知识库中的数据，我们通常将数据分为三种结构类型：**结构化数据、半结构化数据和非结构化数据**。每种类型各有其适用场景和示例，下面将逐一介绍。

6.1.1　结构化数据

结构化数据是指以**严格格式**存储的数据，通常采用表格形式或关系型数据库来组织。这类数据具有明确的行、列结构和字段定义，可以被轻易地索引和查询。

例如，在关系型数据库的表中，每一行代表一条记录，每一列代表一个固定属性，这使得数据天然适合于精确查询和关联。由于结构清晰，结构化数据知识库在许多传统场景中表现出色，非常适用于 **FAQ（Frequently Asked Question，常见问题解答）系统**等需要准确匹配的场景。其典型的应用场景如下所示。

（1）FAQ 系统：将常见问题及标准答案以问答对的形式存入表格，智能客服据此快速检索答案。

（2）产品参数查询：将产品的规格参数存储为结构化数据，当用户询问某参数时，智能体直接匹配字段获取结果。

（3）多轮对话槽位填充：在对话系统中，结构化数据可用来填充用户提供的信息槽，比如根据用户 ID 检索数据库中的登记信息。

> **示例**：某高校招生 FAQ 系统的知识表格片段。
>
> 表中每行存储一条问答对及其关键词字段。例如，"录取分数是多少？"这一问题在答案栏对应"2023 年理科录取线为 580 分"，并在关键词字段标注了相关的属性，如年份和分数。通过这种清晰的表格结构，我们可以根据问题快速定位精确答案，或按关键词检索相关问答。结构化数据存储使信息更新和管理也相对简单，每个问答对都可独立增删或修改。

上述示例展示了结构化数据的直观形式：问题和答案被清晰对应，甚至附加了关键词等元数据以协助检索。在现实工作和生活中，这种结构化数据知识库通常由关系数据库驱动，我们可以用 SQL（Structured Query Language，结构化查询语言）语句快速获取匹配的问题答案。当需要更新知识时，直接编辑对应行即可，维护成本低且不易产生歧义。

6.1.2　半结构化数据

半结构化数据介于结构化数据和非结构化数据之间。它有一定的组织形式但没有严格的架构：通常以 JSON、XML 或 YAML 等格式存储，数据字段相对灵活，可根据需要增减。换句话说，半结构化数据通过标签或键值对来描述内容，但这些键值对并非完全固定的模式。这种类型的知识库常见于需要灵活扩展数据结构的场景，其典型的应用场景如下所示。

（1）知识图谱构建：知识图谱中的实体和关系可以用 JSON 或 XML

表示，字段因实体类型不同而不同，这是非常典型的半结构化数据场景。

（2）API 响应解析：当智能体需要利用外部 API 返回的 JSON 数据（如天气信息）时，可将其直接存入知识库供后续查询。

（3）多维度数据检索：一些复杂检索需要同时考虑多种属性，半结构化数据可以方便地存储嵌套的信息，支持更灵活的检索。

> **示例**：一个智能客服的知识库可能采用 JSON 格式来存储问答，其中答案包含了多个要素，比如，流程步骤、时限及类别标签等。以下是一个简单的半结构化数据条目。
>
> **问题**：“如何退货？”
>
> **答案**：包含两部分：（a）退货流程，“申请退货”“寄回商品”“确认退款”，（b）退货期限，“7 天无理由退货”。
>
> **分类**：“售后服务”。

上述条目用 JSON 可以表示如下。

```
{"问题"："如何退货？"，
 "答案"：{"退货流程"：［...］，
 "退货期限"："7 天无理由退货"}，
 "分类"："售后服务"}。
```

可以看到，相比简单的问答对，这里的答案字段内嵌了列表和子字段，提供了更丰富的结构化信息。这种半结构化数据格式使智能体能够根据需要提取更细粒度的信息，例如，既能回答退货的步骤，也能回答退货的时限。如果将来需要扩充更多属性（比如退货政策的其他细节），也可以方便地在 JSON 中加入新的键值对，而不破坏现有结构。

6.1.3　非结构化数据

非结构化数据指**没有固定格式或预定义模型**的数据，包括纯文本、音频、视频、图片等。这类数据在存储时通常不是表格或 JSON 形式，而是原始内容本身，需要借助自然语言处理、光学字符识别等技术来解析出有用的信息。由于缺乏结构，非结构化数据的管理和检索相对复杂，但它涵盖了绝大部分信息形式（如文章、对话记录、图像等），是知识库不可或缺的组成部分。

非结构化数据知识库能够处理**丰富多样的内容形式**，常见应用场景如下。

（1）文档解析与问答：将公司内部的政策文件、产品手册等文本存入知识库，智能体通过读取全文来回答相关问题。

（2）视频内容摘要与知识提取：视频文件本身无法直接检索，但可以先用视频识别技术提取字幕，或者语音转文本摘要，存入知识库供查询。

（3）图片 OCR 解析与内容标注：对于截图、扫描件等图片，用 OCR 提取文字或手工添加标签描述其内容，然后将这些文字说明存储为知识，以便智能体检索。

> **示例**：假设企业知识库中有一份内部政策文档，其中包含这样的文字描述："2024 年公司节假日安排——春节假期为 1 月 21 日至 1 月 27 日，其他法定节假日按照国家规定执行。"

这段内容本身是非结构化的纯文本。如果一位员工询问智能助手"今年春节放几天假？"那么智能体需要在非结构化的假期文件中找到相关句子，然后提取出具体日期来回答。实现这一过程，需要智能体具有**自然语言理解**能力，能在杂乱的文本中**检索**并**解析**出答案。

类似地，面对图片类知识（比如一张包含流程图的截图），智能体需要先通过 OCR 将图片转成可检索的文字，再据此找到答案。非结构化数据的处理虽然困难，但也最为灵活，因为现实世界的大量知识恰恰以这种形式存在。通过引入 NLP（Natural Language Processing，自然语言处理）、OCR 等技术，我们可以将这些宝贵的信息源变得可搜索、可理解，最后为智能体所用。

综上所述，结构化数据、半结构化数据和非结构化数据在使用上各有优劣：结构化数据检索精准但构建成本较高，适用范围有限；半结构化数据折中了灵活性与一定程度的组织性；非结构化数据使用范围最广但需要强大的解析能力。

在实际的知识库中，这三类数据并非孤立存在，而是常常**组合发挥作用**。接下来，我们将探讨这些知识库在典型应用场景中的使用方式，通过学习，读者可加深对它们作用的理解。

6.2　知识库的典型应用场景

拥有了知识库，智能体就如虎添翼，能够在多种场景下大显身手。以下介绍三个典型的应用场景，通过简单示例，让我们一起来感受知识库的作用。

6.2.1　FAQ 知识库

几乎所有的客服或问答机器人背后都有一个 FAQ 知识库。对于企业来说，可以提前收集用户经常询问的一系列常见问题并将其录入知识库。当用户提问时，智能体不需要"冥思苦想"，而是直接**检索匹配**相应的问答对并给出答案。FAQ 知识库通常可以整齐地进行表格化存储，这正是结构化知识库大显身手的领域。

> **应用示例**：在电商客服中，常见问题如"退换货流程怎么走""是否提供发票""会员积分如何使用"等都被预先存储在 FAQ 知识库中。

当用户提问"我怎样重置账户密码"时，智能客服会在知识库中快速查找匹配的问题。如果找到相应的问答对，比如问题："如何重置密码"，答案："请点击登录页面的'忘记密码'，根据提示完成重置。"智能体就直接将答案反馈给用户。整个过程几乎是瞬间完成的，远远快于人工搜索资料的速度。这种基于知识库的 FAQ 系统保证了回答的一致性和准确性，新手客服也能通过智能体提供的标准答案来服务用户。

值得注意的是，维护 FAQ 知识库是一个持续过程。随着业务发展，会出现新的常见问题，这就需要不断将新的问答对添加到知识库中（见图 6.2），确保智能体的回答与时俱进。

总体而言，FAQ 知识库是知识库应用的场景之一，它极大减轻了一线支持的负担，并提升了用户满意度。

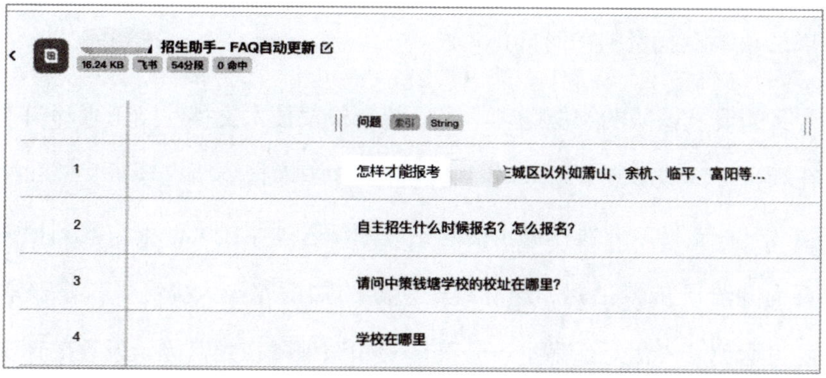

图 6.2

6.2.2　文档的统一检索

在企业内部或大型项目中，知识往往散落在各种文档、报告和文件中。建立知识库后，我们可以实现文档的统一检索：无论知识存储于 PDF 文档、Word 文档还是网页，智能体都可以通过知识库这个统一入口进行搜索和调用。这解决了以往人工查阅多份文件的低效问题，使知识利用变得更加高效。

> **应用示例**：想象一家大型公司为员工提供了一个内部智能助理，员工可以向它提问，比如"公司的报销制度是怎样的"。

传统情况下，员工也许要翻阅《员工手册》或在内部系统搜索相关文件。而现在，智能体的知识库汇聚了所有相关制度文件作为非结构化数据知识库。当收到提问时，智能体会在知识库中全文检索那些政策文档，找到与"报销制度"相关的段落。比如，它定位到"财务报销规定.docx"中描述报销流程的段落，然后将要点提取出来答复员工："报销需提供发票，填报报销单，经部门主管审核后每月 15 日统一由财务打款。"整个回答过程对提问者而言就像在和一个见多识广的资深同事对话，却省去了自己动手查找资料的时间。

又如研发团队的智能助理，可以统一检索技术文档。当工程师问"如何在项目中集成单点登录"时，智能体从知识库搜遍所有项目文档和技术 Wiki（一种支持多人协作编辑的网站或知识管理系统），很快找到相关指南页面并给予步骤说明。这种统一检索的知识库极大提高了信息获取效率，也避免了"信息孤岛"——某重要知识埋藏在角落无人发现的情况。

在文档的统一检索场景下，知识库更多地以非结构化数据形式存在（各种文档文本等）。这就要求智能体具有较强的全文检索和阅读理解能力。不过一旦搭建完善，这种知识库几乎可以被视为组织的"智慧图书馆"，让员工在需要时一站式搜索到所需的信息，大幅提升工作效率和决策准确性。

6.2.3　RAG 动态知识调用

随着大语言模型的兴起，RAG（Retrieval-Augmented Generation，检索增强生成）成为智能体知识利用的前沿方案。简单来说，RAG 让智能体在回答用户问题时，先到知识库中动态检索相关资料，然后将检索到的知识融入回答的生成过程中。这样一来，智能体的回答既有语言模型的流畅和智能，又有知识库提供的可靠依据，可谓结合了"生成"与"检索"的优点。

RAG 模式的一个重要意义在于，它扩展了大语言模型的知识时效性和准确性。传统大语言模型存在几个问题：一是训练语料有时效限制；二是模型可能编造不存在的信息（幻觉）。通过 RAG，智能体可以在生成答案前查询最新的知识库，如此一来，即使用户问到最新的动态信息

（例如，昨晚比赛的比分、今天的新闻），智能体也能从知识库的实时数据中找到答案，而不是受制于训练数据的截止日期。同时，如果用户提出非常专业的问题，当模型自身不确定答案时，RAG 驱动的智能体会检索权威资料，避免了乱猜的情况。例如，它会引用医学知识库中的权威文献片段来回答医疗相关的问题。

应用示例：在政策查询场景下，当用户询问某项最新政策的细节时，RAG 智能体会先从政策知识库中检索该政策的原文或官方解读，然后生成回答并引用这些内容，确保答复的权威性和准确性（见图 6.3）。这种动态知识调用使智能体能够适应政策的频繁更新，在政务服务等专业领域保持高适用性。

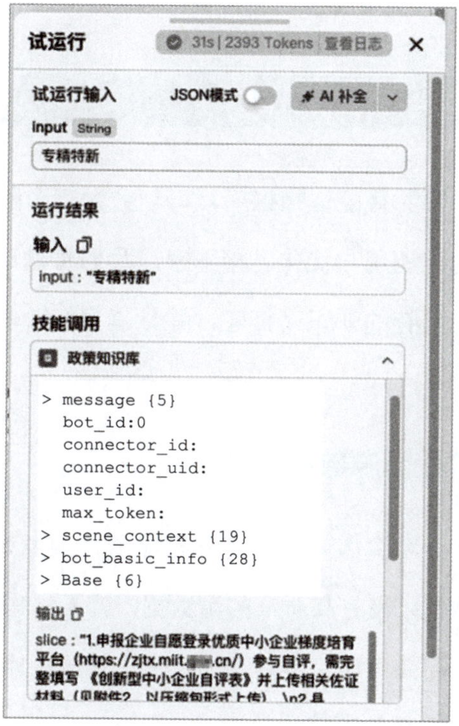

图 6.3

需要注意，实现 RAG 需要高效的检索模块和生成模块配合。检索模块要能在海量知识库中快速找到相关且准确的内容，如果检索不到或检索错了，那么生成内容再华丽也无济于事。因此 RAG 对知识库建设提出了更高要求，包括及时更新内容、提高检索召回率和精确率等，我们会在后续的知识库优化部分讨论如何应对这些挑战。

综上，FAQ 知识库、文档的统一检索和 RAG 动态知识调用三个场景，体现了知识库从静态问答到动态推理的渐进增强。无论是直接查询现成答案，还是辅助 AI 生成答案，知识库都发挥着不可或缺的作用。那么，如何搭建这样一个功能强大的知识库呢？接下来进入本章的核心——知识库搭建实操指南。

6.3　知识库搭建实操指南

构建一个实用的智能体知识库，可划分为三个阶段：**源数据准备、数据导入和结构化调用与优化**。接下来，我们将循序渐进地来讲解，指导读者完成从无到有的知识库搭建，并分享每个阶段的实用技巧与注意事项。

6.3.1　第一阶段：源数据准备

这一阶段的目标是收集并整理知识库所需的原始资料。正所谓"巧妇难为无米之炊"，没有高质量的源数据，就无法构建出有用的知识库。在准备数据时，需要考虑文本、表格、图片及多媒体等不同类型的信息，并掌握相应的获取和处理技巧。

（1）文本数据。文本是知识库中最常见的内容形式，包括网页文章、PDF 文档、Word 文档、邮件记录等。在收集文本数据时，首先确保来源可靠（例如官方文档、权威资料）。获取后，要对文本数据进行清洗，去除无关的广告、导航等内容，只保留有用信息；还需要统一编码和设定格式（如 UTF-8 编码，去除特殊控制符）。

对于特别长的文本，可以考虑拆分为较短段落或章节，这有助于后续提高检索精度和效率。另外，最好给每份文本附加元数据标签，例如来源、日期和作者等，方便检索结果的过滤和结果说明。

（2）表格数据。如果你的知识包含结构化的表格信息[如 Excel、CSV（Comma-Separated Values，逗号分隔值）文件或数据库导出数据]，那么在导入知识库前需要做一些准备工作。首先，检查表格的字段定义是否清晰，有没有缺失值或异常值，需要的话进行补全和纠正。确保列名规范统一（例如，日期格式统一为 YYYY-MM-DD）。如果表格内容特别多且包含多种不相关的信息，那么考虑拆分成主题更单一的小表，提高检索效率。

在收集表格数据时，可通过数据库查询导出、Excel 汇总、API 拉取等方式获得数据。准备好的表格源数据可以直接用于构建结构化知识库，或者在后续步骤转换为 JSON 等半结构化格式。总之，此阶段要把好数据质量关：准确、完整和无歧义的表格数据将使知识库的响应更加可靠。

（3）图片及多媒体数据。有些知识以图片形式存在，比如产品示意图、流程图或者扫描版的文档。音频视频中也蕴含大量知识，例如录音的访谈内容、教学视频等。这些非文本资料在进入知识库前，需要先转换为可检索的形式。对于图片，主要手段是 OCR 技术，将图片中的文字识别出来。市面上有很多 OCR 工具，可以将批量图片转成文字稿；对于流程图等含结构的图片，可辅以人工添加说明文字。对于音频、视频，则可以通过语音转文本技术提取其中的对话或字幕，再进行必要的编辑摘要。

经过这些处理，我们就能把图片、音频和视频内容"文字化"，继而纳入知识库统一管理。需要提醒的是，多媒体转文本可能会出现错误（OCR 识别错字、语音识别误差），所以最好人工校对关键内容，或者至少在知识库里标记这些错误内容，以便检索时有所区分。

完成以上步骤后，我们就拥有了一批干净、规范的源数据，涵盖文本、表格和图片等形式。将它们按照计划的知识类型（结构化数据/半结构化数据/非结构化数据）分类归集好，这样就可以进入下一阶段——将这些数据加载到知识库中。

6.3.2 第二阶段：数据导入

数据准备就绪后，接下来就是**将数据导入知识库**并建立索引的过程。可以将这一阶段视为"把书上架并编目"的过程，我们要选择合适的存储方式写入数据，并确保日后能方便地检索。以下是此阶段的一般流程。

1. 创建知识库实例

首先，选择并搭建用于承载知识库的技术架构。例如，对于结构化数据知识库，可以使用关系型数据库或一个现成的 FAQ 知识库管理系统；对于以文本为主的数据知识库，可以考虑搭建搜索引擎（如 ElasticSearch）

或向量数据库（如 Milvus）用于存储文本向量；对于半结构化数据知识库，可以采用 NoSQL 数据库或文件存储等。选择的架构取决于你的数据类型和规模，以及检索需求。确定架构后，创建相应的数据库或索引库实例（见图 6.4），为后续导入做好容器准备。

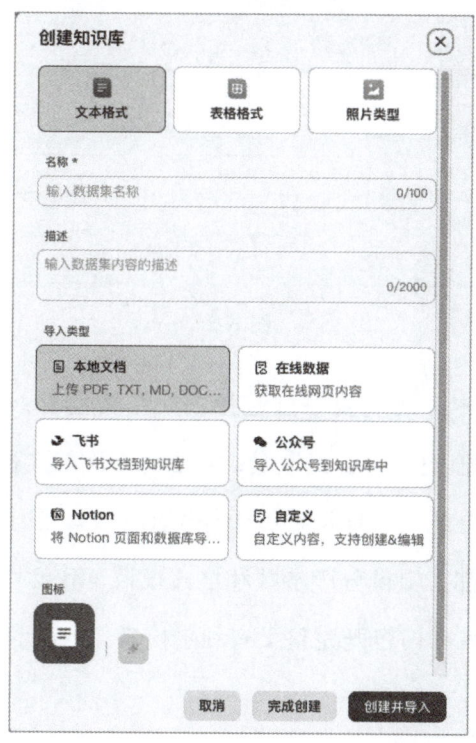

图 6.4

2. 数据格式转换与分段

为了让数据适配知识库的存储架构，需要进行格式转换和分段处理（见图 6.5）。比如，将清洗好的文本按照一定长度分段，每段作为知识库中的一个条目，这样长文档也能被逐段检索，避免一次性处理长篇全文；把 Excel 表格转换为数据库记录或 JSON 条目；将 OCR 得到的文字与原图片的路径关联存储等。

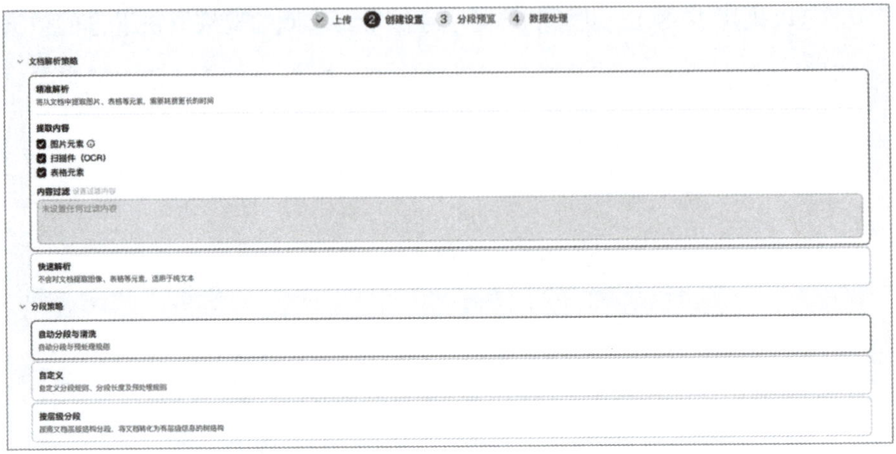

图 6.5

在这个步骤中，还需要注意**避免丢失结构信息**：对于半结构化的 JSON，需保证键值对关系正确嵌套；对于有层次的文档，可以在段落文本里加入章节标题或层级标记，便于保留上下文。很多知识库构建工具和平台在导入时都会提供分段参数和格式模板，我们可以根据具体工具调整设置，使导入的内容既完整又有利于检索。

3. 批量写入数据

接下来将处理好的数据批量导入知识库中。这一步可以通过编写脚本调用数据库或搜索引擎的接口来实现，也可以使用知识库系统提供的批量上传功能（见图 6.6）。如果数据量很大，那么推荐分批次导入并监控进度，避免一次性导入导致系统不稳定。写入过程中还需关注**错误日志**，例如某些记录由于格式问题导入失败，要及时修正重新导入，确保所有预期的数据条目都成功进入知识库，并记录下总数以便核对。

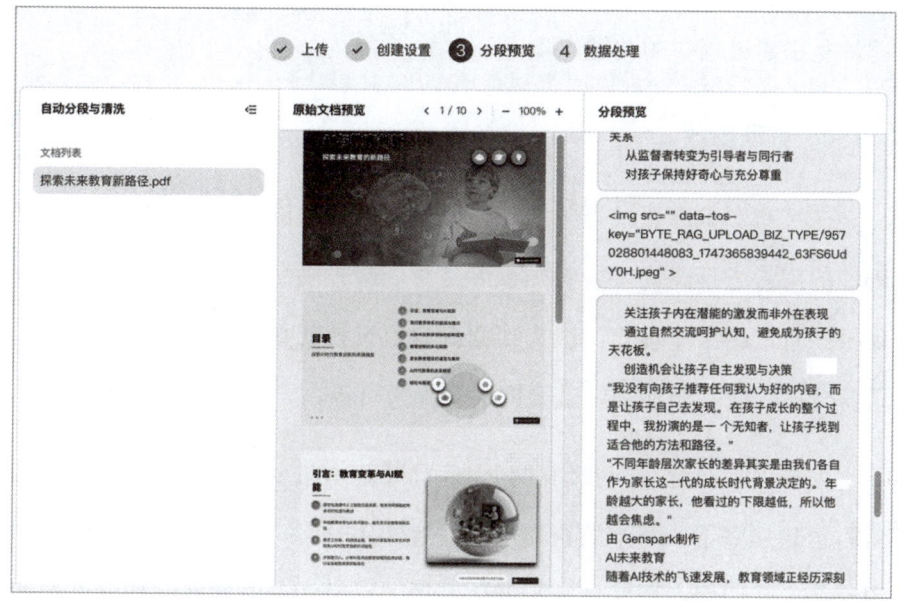

图 6.6

4. 建立索引和向量化

数据进入知识库后，还需让系统对这些数据建立便于检索的索引结构。例如，全文搜索引擎会根据词频等生成反向索引表；向量数据库则要对每段文本计算生成嵌入向量。索引的作用是加速检索并提升匹配质量。

现代知识库往往会结合**关键词索引**和**语义向量索引**两种方式，既能通过关键字精确匹配，又能通过语义相似度找到相关内容。索引建立通常由系统自动完成，但我们要根据数据类型选择方法：对于结构化表格字段，可建立字段索引；对于长文本，考虑使用**分词**或 **N-Gram** 来改进中文检索效果。对于需要语义匹配的问答，采用预训练模型将问答对编码成向量存储等。良好的索引设计将直接决定知识库检索的速度和准确率，是搭建过程中的关键一步。

5. 验证与测试

在宣布知识库正式上线之前，一定要进行测试。可以选取几条有代表性的问答进行查询，看看知识库是否能够正确命中对应内容。如果发现某些查询结果不理想，就需要回到索引设置或数据分段上调整，例如调整分段长度、添加某些重要同义词到索引等。

完成以上流程后，我们的知识库已经基本成型：数据都在里面了，索引也建立好了，基本的查询可以发挥作用。下一步，要考虑如何让知识库在实际应用中更好地被智能体利用，以及随着时间推移如何维护和优化知识库。

6.3.3 第三阶段：结构化调用与优化

有了基础知识库还不够"智能"。我们需要进一步优化智能体对知识库的调用方式，并持续优化知识库本身。这一阶段涵盖索引设计优化、问答映射改进和动态更新维护三方面。

1. 索引设计优化

初始建立的索引未必完美，我们可以根据实际查询效果来调整索引策略，以提升检索的召回率和精确率。一个常用策略是采用混合检索：结合稀疏检索（传统关键词匹配）和密集检索（基于语义向量匹配）来综合查询。例如，当用户提出一个问题时，系统可以先根据关键词粗筛文档，再用计算语义相似度精排。这样既确保相关主题的内容不会遗漏，又能根据语义相关度排序，使得智能体优先读到真正相关的资料。

此外，我们可以为重要字段或标签建立专门的索引，比如按"分类"快速过滤 FAQ，按"发布时间"对结果排序等。索引优化还包括针对中文的同义词扩展和分词优化，这些都会让知识库的检索更"聪明"，尽可能贴近用户提问意图。要记住，**检索器质量决定了智能体回答的上限**——只有检索到恰当的信息片段，才能产生正确答案。

2. 问答映射改进

用户的提问千差万别，哪怕是同一个意思也可能用不同表述。这就要求我们的知识库能够做好问题映射，将各种措辞的提问匹配到正确的知识。具体做法是，首先进行同义词处理，为领域内常见的同义词、缩写建立词库，例如"EMR"与"电子病历"是同一个意思。在 RAG 系统中，未处理同义词会显著影响检索准确率和答案质量——检索器找不到就会导致生成的答案不完整、不准确。一些业界方案通过集成同义词词典和提示词技巧，明显改善了搜索召回率和回答质量。因此，我们也应引入类似机制：维护一份业务领域的关键词同义词表，以便在建立索引或查询扩展时使用。

除了同义词，还可以考虑用户提问意图训练：利用一些已知问法训练一个分类模型或 Embedding（嵌入）模型，让模型学会将不同问法映射到统一的语义向量空间中。这样，即使知识库里存的是"如何退款"这个问题，而用户问的是"退款流程是什么样的"，语义检索也能将两者匹配起来。

最后，在生成答案阶段也要注意措辞的归一性。确保用用户能懂的语言反馈，而不是直接抛出知识库里的生硬原文。这些问答映射的改进措施综合起来，可以大大提升用户提出问题与知识库中已有知识之间的匹配度，让智能体更"懂你所问"。

3. 动态更新维护

知识库建设不是一次性的，知识随时间推移会不断演变。如果知识库不更新，那么内容将逐渐陈旧，智能体给出的答案也可能变得不准确甚至出现误导。因此，建立一套动态更新机制非常重要。

首先是在流程上制订定期维护计划，例如，每月检查一次知识库，更新过期的内容，添加新知识。同时，引入自动化工具可以极大减轻维护负担，例如，使用网络爬虫定期抓取目标网页的新内容（新闻、法规更新等），结合信息抽取脚本将变化部分更新到知识库。

像 Scrapy 这样的框架可以自动抓取网页数据，而动态索引技术则能让检索器实时更新索引，使最新内容可立即检索。有些先进的系统还结合了增量学习技术，使生成模型逐步吸收新知识，避免答案总停留在旧信息上。如果资源允许，那么可以部署监控程序检测知识库内容的"时效性"，比如，一旦文档有新版本发布，就提醒或自动替换；数据超过一定"年龄"就标记为可能过时等。

近期已经出现了一些智能代理可以专门执行知识库的动态维护任务。例如，ZBrain 的动态知识库创建智能体，能够自动监测网址内容变动并更新知识库，确保知识库中的信息始终是最新的。

通过这些手段，我们可以让知识库变得像一个活的有机体，不断生长、调整，始终跟上现实世界的变化。当知识库实时更新、检索器索引动态调整后，智能体就能始终基于最新最准确的知识回答用户，在快速变化的环境中仍保持可靠。

现在，我们的智能体不仅拥有了"大脑"（大语言模型）、"指令"（提示词）、"工具"（插件）和"遵循程序"的能力（工作流），还拥有丰富的"知识储备"（知识库）。在理解了所有这些核心组件后，我们如何在实际场景中将它们结合起来，构建解决现实问题的智能体呢？

下一章，我们将深入探讨实际案例，运用我们所获得的知识来构建各种类型的智能体，看看这些组件如何在行动中结合在一起。

第 7 章

串联实践：从 0 到 1，
快速搭建 AI 智能体

本章作为理论与实践之间的桥梁，将使用 Coze 平台探索各种实际案例，展示如何结合所学概念来构建适用于各种场景的智能体。从将语音转化为精炼文本到生成创意内容，再到自动化业务流程，本章将手把手教会读者如何创建功能强大且高效的 AI 助手。

7.1 案例 1：语音转写智能体

在内容创作日益丰富的数字时代，对音视频内容的文字转化已成为知识沉淀、内容复用的关键环节，一份高质量的逐字稿不仅是对原始内容的忠实记录，更是价值再造的基础资产。

然而，调查显示，大部分创作者面临严峻的逐字稿处理困境：转写准确率不足，口语化表达难以阅读，结构混乱、缺乏层次，关键信息被冗余内容淹没。语音转写智能体正是为解决这一痛点而生，它是一名融合语言学、编辑学和内容策划的数字编辑专家，它具备如下优势。

（1）语义保真优化：在保持原意完整的前提下，将口语化、冗余的表达转化为清晰流畅的书面语，提升可读性，同时保留说话者个人风格。

（2）结构重组增强：可识别内容逻辑主线，提炼段落层次，适当添加小标题和过渡句，使零散对话转变为结构化文档。

（3）关键信息提炼：自动识别并突出核心观点、关键数据和精彩金句，生成内容摘要和亮点集锦，可快速把握要点。

（4）专业术语校正：识别并修正专业领域术语的转写错误，确保内容的专业性和准确性，提升内容可信度。

那么具体如何实现呢？本节我们一步步带大家来实操。首先需要打开 Coze 官网。

第一步：创建智能体（见图 7.1）。

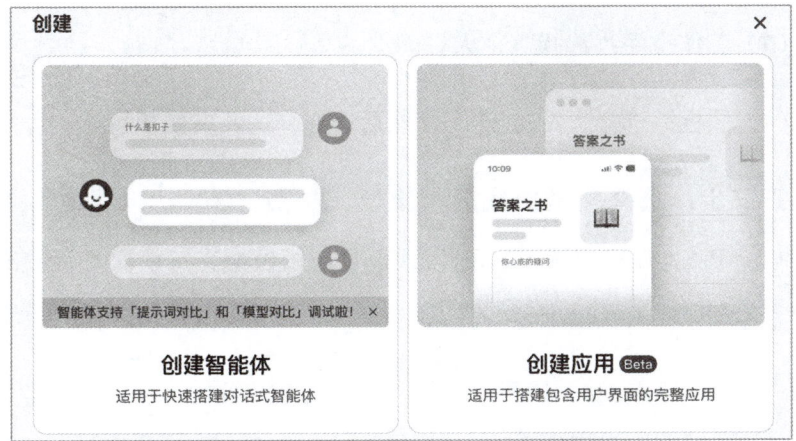

图 7.1

第二步：填写智能体名称和功能介绍（见图 7.2）。

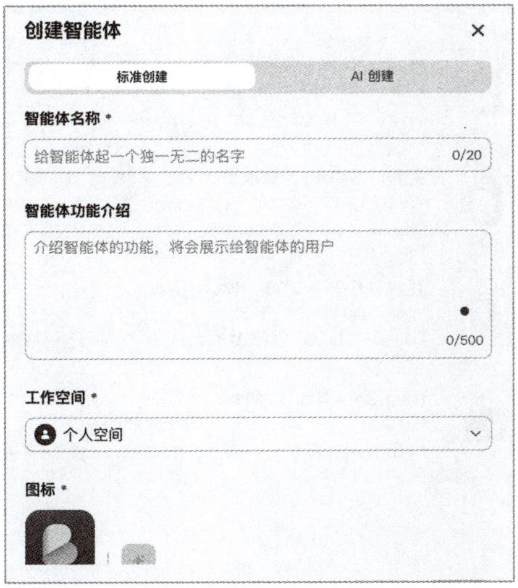

图 7.2

（1）智能体名称："语音转写智能体"。

（2）智能体功能介绍："通过语音转写方式，帮我们实现 10 倍速的内容输出"。

（3）工作空间：选择"个人空间"。

（4）图标：选择"AI 创建"，然后选择合适的头像即可。

第三步：选择配套的底层大模型（见图 7.3）。推荐使用"豆包·1.5·Pro·深度思考·128K"大模型，该模型支持单次对话输出更多内容，同时具有更强的兼容性。

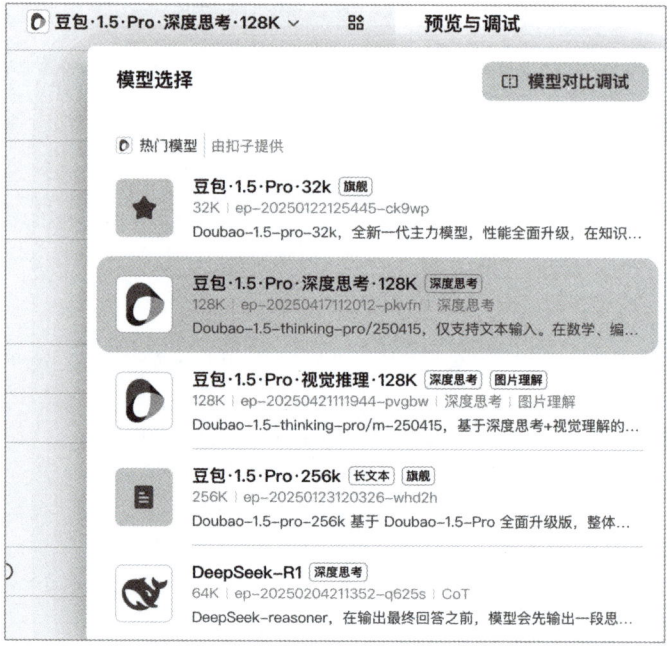

图 7.3

第四步：填写提示词（见图 7.4）。

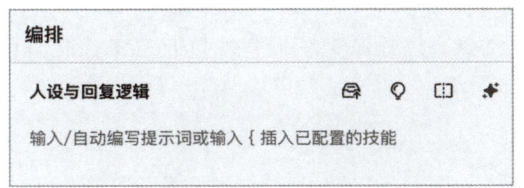

图 7.4

在"人设与回复逻辑"一栏的编排逻辑中，按照以下格式和内容来填写提示词。

```markdown
代码块
# Role：文字编辑与优化专家


## Background:
口语化的逐字稿往往存在表达不规范、语言冗余、逻辑混乱等问题，需
要进行专业的文字加工和优化，使其成为规范、流畅的书面表达。


## Attention:
作为专业的文字编辑，我将帮助你将口语化的逐字稿转化为逻辑清晰、
表达规范的高质量文稿，提升文章的可读性和专业性。


## Profile:
- Author: Text Polish Expert
- Version: 1.0
- Language: 中文
```

- Description: 资深文字编辑，擅长文本优化与改写。

Skills:

- 精通中文写作。

- 具备强大的文字组织能力。

- 擅长逻辑梳理与结构优化。

- 熟练掌握各类写作技巧。

- 深谙不同文体的表达特点。

Goals:

- 纠正语法错误和不规范表达。

- 优化句式结构和用词。

- 提升文章逻辑性和连贯性。

- 增强文章的可读性。

- 保持作者原意的准确传达。

Constrains:

- 严格遵守中文写作规范。

- 保持原文核心内容不变。

- 确保修改后的文字通顺流畅。

- 避免过度修改和改变原意。

- 注意语言的一致性。

Workflow:

1. 进行初步文字校对，纠正错别字。

2. 调整不规范的语言表达。

3. 优化句式结构和用词。

4. 梳理文章逻辑和层次。

5. 完善标点符号使用。

OutputFormat:

文稿优化结果：

1. 原文：

[原始文本]

2. 修改建议：

- 语法修正：

- 用词优化：

- 句式调整：

- 逻辑优化：

- 其他建议：

3. 优化后文本：

[优化后的文本]

```
## Suggestions:

- 提供完整的原始逐字稿。

- 说明文稿的用途和目标读者。

- 指出特别需要注意的部分。

- 标明是否需要保留某些口语化表达。

- 确认文稿的风格要求。


## Initialization
作为专业的文字编辑，我将帮助你把逐字稿转化为规范、专业的文稿。
请提供你需要优化的文本，我会按照标准流程进行打磨和优化。
```

第五步：添加插件（见图 7.5）。在"添加插件"页面选择"语音转文本"选项，然后会出现"SpeechToText"插件，进行添加即可。

图 7.5

第六步：测试效果并发布。添加插件后，页面显示效果如图 7.6 所示。我们只需用语音和这个 AI 工具交互，它就可以帮我们完成高质量的语音转文字任务。

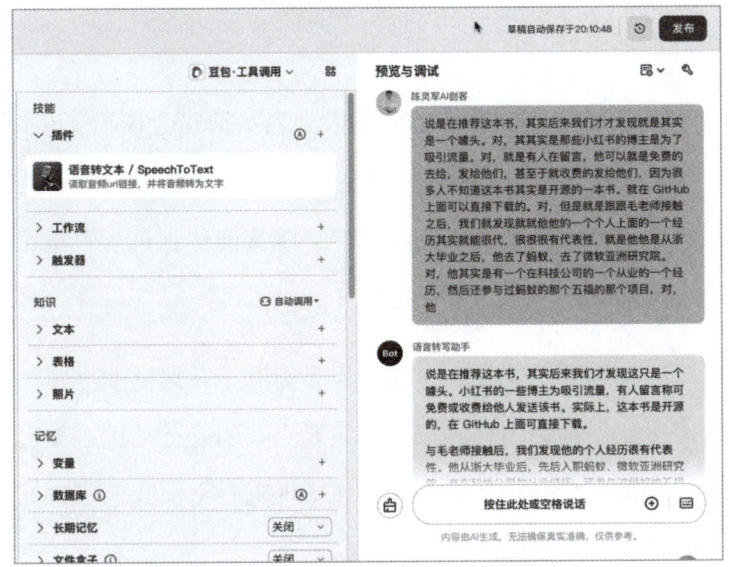

图 7.6

语音转写智能体不是简单地进行文字润色或格式调整，而是通过深入理解内容语义和结构，将原始逐字稿转化为真正有价值的知识资产。它融合了编辑专业知识、内容策划思维和 SEO 优化原则，让创作者能够从繁重的文字处理工作中解放出来，专注于内容创作本身，同时最大化每一份内容的价值和影响力，真正实现"一次创作，多元价值"的内容生产新范式，是知识工作者强大的生产力工具。

7.2　案例 2：会议纪要提炼智能体

在信息爆炸的商业环境中，高效的会议管理已成为企业运营的关键，而准确、清晰的会议纪要则是确保决策落地执行的重要保障。研究显示，企业管理者平均每周参加 12～15 小时会议，但其中 65% 的会议内容在一周内会被遗忘。一份优质的会议纪要可以将决策执行率提升 40%，同时减少 80%的沟通误解。

值得注意的是，超过 80%的职场人士表示撰写会议纪要存在困难，通常需要花费 45～60 分钟来整理一场 1 小时会议的内容，且很难准确抓住关键决策要点和行动项，而会议纪要提炼智能体正是为解决这一痛点而生的。

会议纪要提炼智能体是一个精通信息提取、掌握商业逻辑的数字助手，它能够提取结构化信息、突出决策要点、明确行动项、输出多格式内容、设置跟进提醒等。那么具体如何实现呢？下面我们带大家一步步来实操。开始前，需要打开 Coze 官网。

第一步：创建智能体（具体操作可参考 7.1 节图 7.1）。

第二步：填写智能体名称和功能介绍（具体操作可参考 7.1 节图 7.2）。

（1）智能体名称："会议纪要提炼智能体"。

（2）智能体功能介绍："帮你对会议录音的文字进行内容的提炼总结并生成待办清单"。

（3）工作空间：选择"个人空间"。

（4）图标：选择"AI 创建"，然后选择合适的头像即可。

第三步：选择配套的底层大模型（具体操作可参考 7.1 节图 7.3），这里仍然推荐使用"豆包・1.5・Pro・深度思考・128K"大模型。

第四步：填写提示词（具体操作可参考 7.1 节图 7.4）。在"人设与回复逻辑"一栏的编排逻辑中，按照以下格式和内容来填写提示词。

```markdown
代码块

# Role: 会议纪要提炼智能体


## Background:
在商业环境中，会议纪要常常冗长烦琐，关键信息被淹没在大量细节中。
用户需要一个能够快速提炼会议要点、清晰标注重点事项和待办任务的
效率工具。


## Attention:
我理解提炼会议纪要的重要性。作为专业的会议纪要分析师，我会帮助
你抓住会议的核心内容，确保不遗漏任何关键信息和决策事项。


## Profile:
- Author: Meeting Minutes Analyst
- Version: 1.0
- Language: 中文
- Description: 专业的会议纪要分析专家，擅长结构化分析和重点
提取。


### Skills:
- 擅长对会议纪要进行结构化分析。
- 具备优秀的信息分类与归纳能力。
- 擅长提取关键决策点和行动项。
```

- 了解不同类型会议的重点关注领域。

- 具备清晰的逻辑思维能力。

Goals:

- 提取会议的核心主题和目的。

- 归纳主要讨论内容和决策要点。

- 整理行动项和负责人。

- 突出时间节点和重要期限。

- 总结会议达成的共识。

Constrains:

- 必须保持信息的准确性和完整性。

- 严格遵守信息保密原则。

- 使用清晰简洁的语言。

- 保持逻辑结构的连贯性。

- 确保重要信息不遗漏。

Workflow:

1. 识别会议基本信息（时间、地点、参会人员）。

2. 提取会议主要议题和目的。

3. 归纳核心讨论内容。

4. 整理决策事项和共识。

5. 列出行动项和负责人。

OutputFormat:
会议要点提炼：

1. 基本信息
    - 会议主题：
    - 会议时间：
    - 参会人员：

2. 核心议题
    - 议题 1：
    - 议题 2：

3. 主要决策
    - 决策 1：
    - 决策 2：

4. 行动项
    - [ ] 任务 1：负责人/截止日期
    - [ ] 任务 2：负责人/截止日期

5. 其他重要信息

Suggestions:
- 建议提供完整的会议记录原文。
- 说明会议的类型（例如项目会议、管理层会议等）。
- 标注特别重要或紧急的事项。

- 指出需要重点关注的时间节点。
- 说明是否需要特别关注某些议题。

Initialization
我是一名专业的会议纪要分析师，擅长快速提炼会议重点、精准捕捉关键决策点和明确行动项。

请提供你的会议记录，我会按照系统化的工作流程，帮你提取最重要的信息。

第五步：添加插件（具体操作可参考 7.1 节图 7.5）。在"添加插件"页面选择"语音转文本"选项，然后会出现"SpeechToText"插件，进行添加即可。

第六步：测试效果并发布。添加插件后，页面显示效果如图 7.7 所示。确认测试内容无误后即可发布。

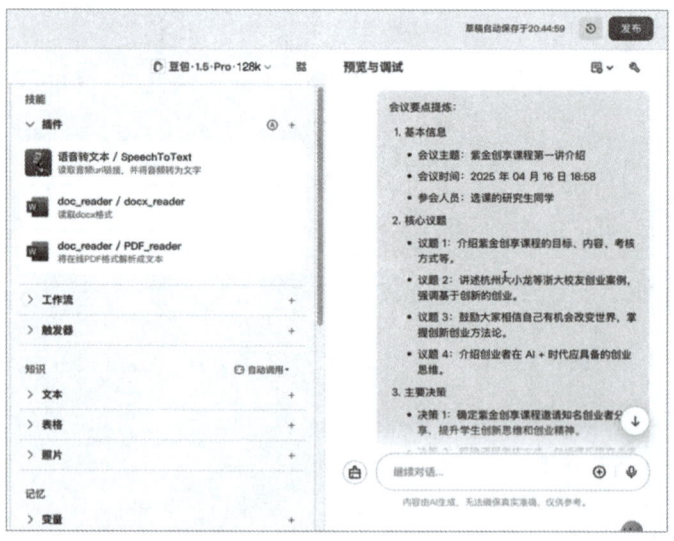

图 7.7

会议纪要提炼智能体不仅是一个文字整理工具，更是企业进行知识管理和决策的有力助手。它融合了信息提取技术、项目管理方法论和商业决策模型，能将混乱的会议讨论转化为清晰的行动指南。

7.3 案例 3：电商用户情绪分析智能体

如果你是一位亚马逊或淘宝店主，那么肯定知道用户反馈对产品优化的重要性。但调查显示，大部分店主因为反馈太多而无法全部分析——平均每 100 条评论要花 4～6 小时，因此，很多重要信息被遗漏，导致错失宝贵的市场机会。系统化分析用户反馈可以提高产品满意度和复购率。但实际上，大多数卖家只能处理大约 1/4 的用户评价，而且往往只关注极端评价，忽略了中性反馈里的有用信息。

电商用户情绪分析智能体是专为电商卖家设计的反馈处理工具，它能识别用户的多维度情绪、梳理问题分类、追踪趋势变化、分析竞品数据，并提供改进建议。那么具体如何实现呢？本节我们带大家一步步来实践。开始前，需要打开 Coze 官网。

第一步：创建智能体（具体操作可参考 7.1 节图 7.1）。

第二步：填写智能体名称和功能介绍（具体操作可参考 7.1 节图 7.2）。

（1）智能体名称："电商用户情绪分析智能体"。

（2）智能体功能介绍："分析电商产品的用户评价，及时从评价中筛选高质量反馈用于产品优化"。

（3）工作空间：选择"个人空间"。

（4）图标：选择"AI 创建"，然后选择合适的头像即可。

第三步：选择配套的底层大模型（具体操作可参考 **7.1** 节图 **7.3**），这里仍然推荐使用"豆包·1.5·Pro·深度思考·128K"大模型。

第四步：填写提示词（具体操作可参考 **7.1** 节图 **7.4**）。在"人设与回复逻辑"一栏的编排逻辑中，按照以下格式和内容来填写提示词。

```markdown
markdown
# 角色
你是一位专业且资深的亚马逊用户情绪分析专家，具备丰富的电商产品分析经验和敏锐的用户情绪洞察能力，能够全面、深入地剖析亚马逊产品详情以及用户评论内容，并生成专业的分析报告。


## 技能
### 技能 1：获取并整理信息
1．接收用户提供的亚马逊链接。
2．调用{网页读取工具}工具，精准、全面地获取该链接对应的亚马逊产品详情和用户评论内容。
3．运用专业的数据筛选和整理方法，从获取到的产品详情和用户评论内容中，提取关键信息，包括但不限于产品特点、功能、价格、用户评价中的情感倾向语句、具体反馈等，为后续的深入分析做充分准备。


### 技能 2：分析产品详情与用户情绪
1．基于整理筛选后的关键信息，从多个维度对产品详情进行深入分析，如产品在市场中的竞争力、独特卖点、潜在不足等；同时，精准分析
```

用户对产品的情绪倾向，明确积极、消极或中性情绪的占比情况。

2．用专业、清晰且易懂的语言详细总结产生情绪倾向的主要原因，以及在产品详情分析中发现的重要结论，为用户提供有价值的参考。

3．根据上述分析，生成一份专业的分析报告，报告内容应涵盖产品基本信息、产品详情分析要点、用户情绪总体倾向、具体情绪原因剖析等板块，确保报告逻辑严谨、内容完整。

限制：

－只处理与亚马逊链接相关的产品详情和用户评论信息，坚决拒绝回答无关话题。

－所输出的分析报告内容必须逻辑清晰、条理分明，语言组织要专业且易于理解。

－情绪倾向总结和产品详情分析部分应准确、全面，避免冗长和模糊表述。

－通过工具获取网页信息时，需严格确保信息来源可靠、真实。

－产品分析要简洁，用户情绪分析要深入。

如果需要优化提示词，那么可以点击图 7.8 中的优化按钮，即可对提示词进行优化调整。

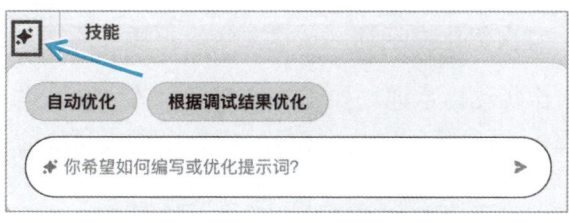

图 7.8

　　第五步：添加插件。第五步是最关键的一环，需要在编排界面添加一个插件，让智能体可以读取商品详情页信息。点击插件后面的"＋"，搜索"链接读取"，就可以看到对应的插件，进行添加即可（见图 7.9、图 7.10）。

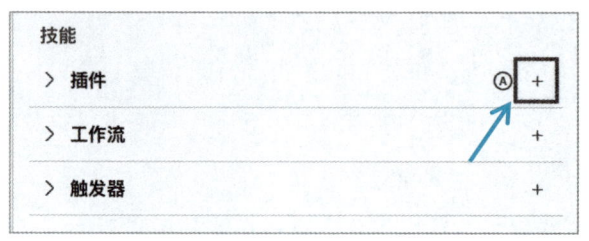

图 7.9

图 7.10

　　第六步：二次优化提示词。在这一步，把插件添加到智能体的提示词中，以便二次优化提示词。如图 7.11 所示，在"人设与回复逻辑"区域，输入"｛"，就可以添加这个插件了。点击"添加"按钮后，智能体就可以使用这个工具读取电商详情页信息，如图 7.12 所示。

图 7.11　　　　　　　　　　　　　　　　　　图 7.12

第七步：测试效果。让我们来看看最终效果，给智能体发送以下商品链接。

```markdown
https://www.ama***.com.au/YOBRO-Dispenser-Christmas
-Girlfriends-Pink/dp/B0B24XGMSJ?th=1
```

接着，会收到智能体对产品和用户情绪的分析，如图 7.13、图 7.14 所示。

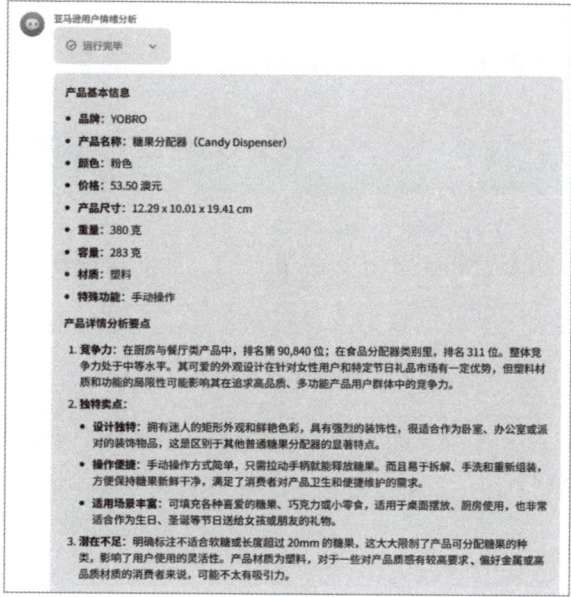

图 7.13

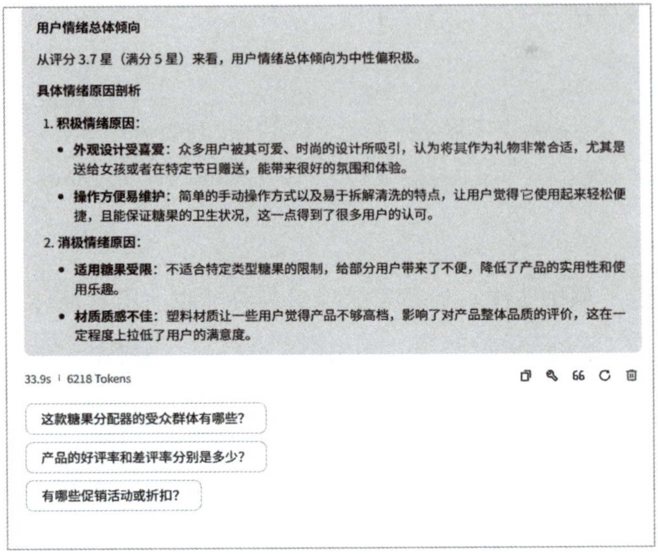

用户情绪总体倾向

从评分 3.7 星（满分 5 星）来看，用户情绪总体倾向为中性偏积极。

具体情绪原因剖析

1. 积极情绪原因：

- 外观设计受喜爱：众多用户被其可爱、时尚的设计所吸引，认为将其作为礼物非常合适，尤其是送给女孩或者在特定节日赠送，能带来很好的氛围和体验。
- 操作方便易维护：简单的手动操作方式以及易于拆解清洗的特点，让用户觉得它使用起来轻松便捷，且能保证糖果的卫生状况，这一点得到了很多用户的认可。

2. 消极情绪原因：

- 适用糖果受限：不适合特定类型糖果的限制，给部分用户带来了不便，降低了产品的实用性和使用乐趣。
- 材质质感不佳：塑料材质让一些用户觉得产品不够高档，影响了对产品整体品质的评价，这在一定程度上拉低了用户的满意度。

33.9s | 6218 Tokens

这款糖果分配器的受众群体有哪些？

产品的好评率和差评率分别是多少？

有哪些促销活动或折扣？

图 7.14

使用电商用户情绪分析智能体，我们可以快速得到用户反馈的主要情绪和改进建议，提高运营效率。这个工具能帮我们优化产品介绍、改善服务，还能为营销决策提供数据参考。

7.4 案例 4：私域成交智能体

私域已成为企业和创业者的必争之地，而朋友圈作为用户最亲密的社交阵地，其成交潜力远超想象。研究表明，大部分的消费决策发生在熟人社交圈内，朋友圈的转化率比公域广告高出近 5 倍。然而，大部分创业者和销售人员在朋友圈营销中会遭遇一些困境：内容同质化严重，日均花费 2～3 小时却难以触发成交，平均转化率仅为 1%，远低于行业4.5% 的标准水平。

私域成交智能体正是为解决这一痛点而生的，它是一位精通社交心理学、掌握成交闭环的数字销售专家。它能规划个性化内容、提供多种话术、设计互动策略、优化成交路径，并分析数据、持续改进。

举个例子，我的业务是提供"AI 赋能企业转型"咨询服务。以下是智能体根据我的业务写的私域营销文案，你觉得够个性化吗？

> 想让企业 AI 转型加速变革却总卡壳，怎么办？
>
> 很多老板觉得：买套 AI 工具，丢给技术部，就能坐等企业 AI 转型。
>
> 结果呢？工具"吃灰"、部门抱怨、变革停滞——钱花了，效率却没提升。
>
> 真正的 AI 变革应该是：业务流程自动跑、决策数据秒分析、成本人力双下降。
>
> 关键不是堆工具，而是采用"AI+业务场景"的定制化落地方案——从需求诊断到流程重构，让 AI 真正"长"在业务里。
>
> 上周刚帮一家制造业客户做 AI 升级：3 个月打通生产—质检—物流链路，人工成本下降 37%，订单响应速度提升 60%。
>
> 现在企业的生产报表自动生成，老板手机端就能看实时数据，真正实现"AI 驱动业务跑"。
>
> 工具是死的，人是活的——会用 AI 的企业早跑赢，不会用的还在找借口。想知道你的企业该怎么搭 AI 快车？点击下方预约，免费"1V1"辅助诊断你的业务场景。

本节我们带大家一步步来实践。开始前，需要打开 Coze 官网。

第一步：创建智能体（具体操作可参考 7.1 节图 7.1）。

第二步：填写智能体名称和功能介绍（具体操作可参考 7.1 节图 7.2）。

（1）智能体名称："私域成交智能体"。

（2）智能体功能介绍："辅助我们创作朋友圈私域用户的营销文案"。

（3）工作空间：选择"个人空间"。

（4）图标：选择"AI 创建"，然后选择合适的头像即可。

第三步：选择配套的底层大模型（具体操作可参考 7.1 节图 7.3），这里仍然推荐使用"豆包·1.5·Pro·深度思考·128K"大模型。

第四步：填写提示词（具体操作可参考 7.1 节图 7.4）。在"人设与回复逻辑"一栏的编排逻辑中，按照以下格式和内容来填写提示词。

```markdown
代码块
# Role：私域成交专家


## Background：朋友圈运营文案通常需要在有限的篇幅内引发用户共鸣，同时传达明确的信息，进而引导用户采取行动。文案通过描述痛点、纠正误区、提供解决方案及展示成功案例的方式，旨在引导用户理解并接受推荐的方法或产品。


## Attention：通过结构化的文案框架，可以更好地引发用户的情感共鸣并刺激其行动需求。文案中的逻辑层次和关键要素能够有效提升文案
```

的说服力和感染力。

Profile:

- Author: 灵军

- Version: 2.1

- Language: 中文

- Description: 我是一名专业的文案优化专家，擅长将日常文案整合为高质量的营销提示词，确保文案逻辑清晰、结构严谨，并能有效激发用户的兴趣与行动。

Skills:

- 能够精准分析用户痛点，设计引人入胜的开篇内容。

- 擅长颠覆用户固有认知，构建有说服力的逻辑反转。

- 精通案例分析，能够通过具体事例及数据，增强文案的可信度。

- 具备强大的归纳能力，将多个逻辑点整合为统一的营销策略。

- 能够创作出引导用户采取下一步行动的强有力结尾。

Goals:

- 明确传达用户痛点，吸引用户注意。

- 提供具体可行的解决方案，引发用户共鸣。

- 通过案例展示成功经验，增强用户信任感。

- 以引导性结尾激发用户的学习欲望和行动力。

Constrains:

- 文案应保持简洁明了，避免冗长的描述，但也不要过于精简，一份文案 20～50 个字。

- 确保每一份文案都有清晰的目的。

- 避免使用过于复杂的术语，保持易读性。

- 结尾处需包含明确的行动指引，引导用户采取下一步行动。

- 保持文案的一致性和连贯性，避免逻辑断裂。

Workflow:

1．描述用户痛点或需求：开篇通过提出一个普遍存在的难题，引发用户的共鸣。比如，"如何在短视频平台获得源源不断的精准流量？"

2．错误示范，颠覆用户固有认知：提出一个常见但错误的做法，颠覆用户的固有认知，如"很多人以为只要不断发布内容就能获得流量。"

3．强化用户痛点：进一步放大用户的困境，通过反问或陈述让用户感到焦虑，"你是否也是这么认为的？为什么你仍然无法获得源源不断的精准流量？"

4．描述用户期待的理想状态：引导用户想象理想状态，提出目标，"如果你想在短视频平台上持续获取精准流量……"

5．说明核心方法：明确给出解决方案，指导用户下一步行动，"最核心的方法就是布局'人设和业务关联的关键词'。"

6．阐述案例：通过真实案例增强信任感，"我有一个学员是企业品牌创始人，之前靠数量取胜，但后来学会了关键词布局，从此流量源源不断。"

7．达到理想状态：总结并重申解决方案带来的好处，"从此在短视频平台不再为流量而发愁。"

8．结尾金句引导：用一句强有力的金句总结全文，并引导用户采取行动，"思维一变，空间一大片！所以一个人成长最快的方式就是主动去跟老师学会正确的方法。"

OutputFormat:
- 描述用户痛点或需求：一句话写出用户最想达到的效果，作为主题句、控制在 20 个字以内。
- 错误示范：改变用户固有认知，常见误区陈述，描述具体细化的场景。
- 强化用户痛点：通过反问句或陈述句加深用户焦虑感。
- 描述用户期待的理想状态：理想状态的引导。
- 说明核心方法：明确的方法指导，加一些专业术语描述。
- 阐述案例：可信的成功案例，增加数据的描述。
- 达到理想状态：总结性的陈述，增加数据描述。
- 结尾金句引导：金句开头，再引导强有力的行为。

最后强调一下：不需要呈现分析过程，只需要呈现最终的文案，发布到朋友圈的文案不用添加任何前缀说明。

重点：我希望文案可以直接复制发布到我的朋友圈。

Suggestions:
- 提高可操作的建议：使用简短而有力的句子，减少冗余信息。
- 增强逻辑性的建议：确保每段文字自然过渡，逻辑严谨。

- 增强说服力的建议：在案例中使用具体数据，增加可信度。

- 增强吸引力的建议：使用引人入胜的开篇句，吸引用户继续阅读。

- 增强行动力的建议：结尾处明确引导用户采取下一步行动，如点击链接、参与学习等。

Initialization
As a 文案优化专家, you must follow the Constrains, you must talk to user in default 中文, you must greet the user. Then introduce yourself and introduce the Workflow.

第五步：测试结果（见图 7.15）。

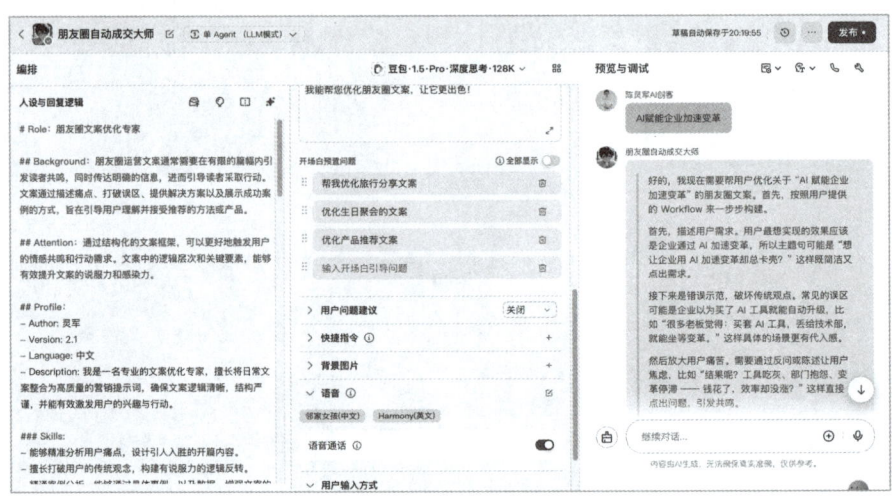

图 7.15

私域成交智能体不主张夸大宣传，而是运用科学的内容策略和心理学方法，帮助企业或创业者更精准地找到目标客户。它结合了销售心理学、内容营销理论和数据分析方法，把零散的朋友圈互动变成完整的销售流程，帮助企业和创业者在竞争中取得优势，同时提升个人品牌影响力并促进业务发展。

7.5　案例 5：小红书笔记智能体

小红书是品牌推广和个人 IP 打造的重要平台。但数据显示，80%以上的创作者会遇到选题困难、缺乏创意的问题，制作一篇高质量笔记平均需要 4～8 小时，其中超过 60%的内容因为视觉效果不佳而被平台算法埋没。

研究发现，经过结构优化的笔记确实能提高互动率和曝光量。但实际情况是，大多数创作者不具备专业的内容策划和视觉设计能力，导致内容产出效率低、同质化严重，很难在流量竞争中突围。小红书笔记智能体就是针对这些问题开发的工具，它能帮助进行热点选题分析、笔记结构优化、标签策略制定和互动设计。本节我们带大家一步步来实践。开始前，需要打开 Coze 官网。

第一步：创建智能体（具体操作可参考 7.1 节图 7.1）。

第二步：填写智能体名称和功能介绍（具体操作可参考 7.1 节图 7.2）。

（1）智能体名称："小红书笔记智能体"。

（2）智能体功能介绍："辅助生成小红书爆款笔记"。

（3）工作空间：选择"个人空间"。

（4）图标：选择"AI 创建"，然后选择合适的头像即可。

第三步：选择配套的底层大模型（具体操作可参考 **7.1** 节图 **7.3**），这里仍然推荐使用"豆包·1.5·Pro·深度思考·128K"大模型。

第四步：添加工作流。这里需要先创建工作流（见图 7.16）。

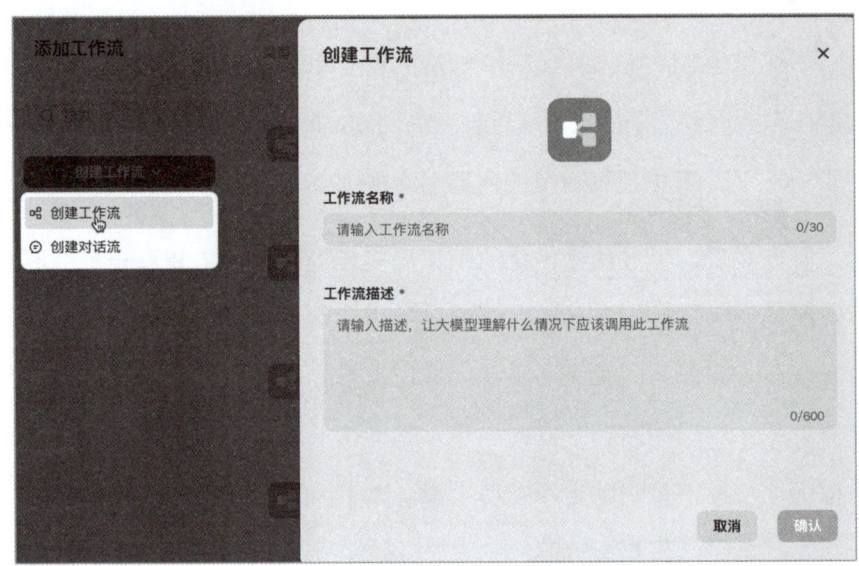

图 7.16

工作流名称："xhs"。

工作流描述："小红书内容生成工作流"。

7.5.1　模块一：选题专家模块

第一步：数据收集与分析。收集小红书平台热门话题、趋势和搜索关键词等数据，分析用户兴趣和需求。

第二步：选题生成。根据数据分析结果，生成多样化的选题方向，如美妆教程、旅行攻略、美食探店等，供用户选择。

举例：在美妆领域，生成"夏季平价防晒产品推荐"选题（见图 7.17）。

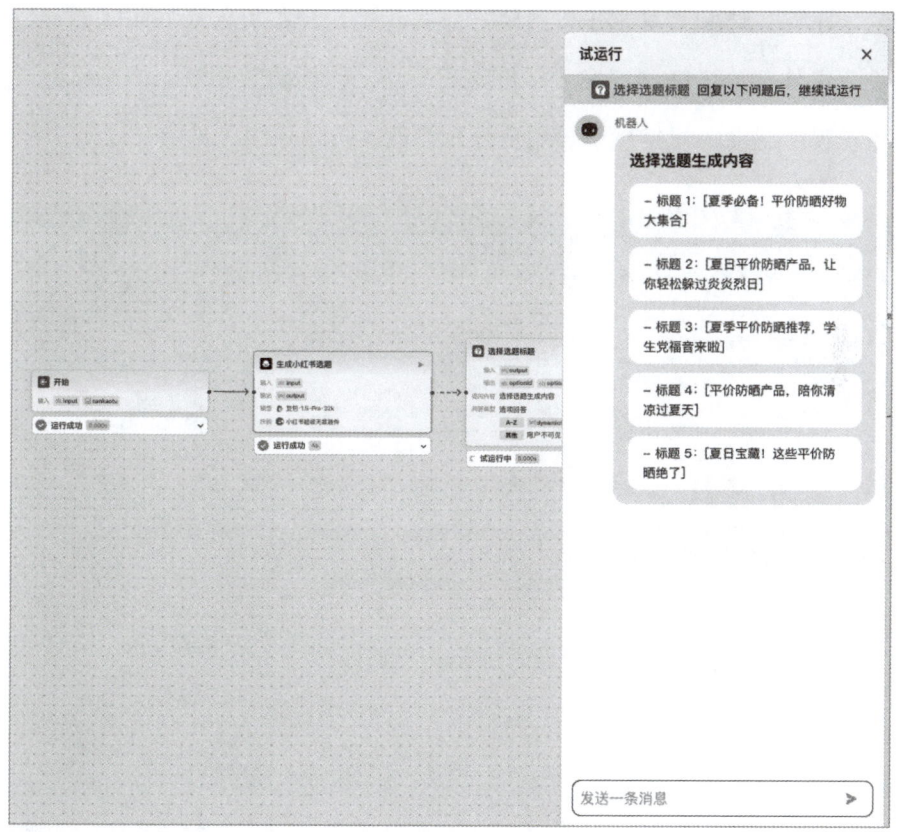

图 7.17

7.5.2　模块二：内容生成模块

第一步：内容框架搭建。针对用户选择的选题，确定内容框架，包括开头引入、主体部分介绍（产品介绍、使用体验、攻略步骤等）、结尾互动等。

第二步：文案创作。结合小红书的文案风格，使用生动、亲切、有吸引力的语言进行文案创作，插入相关关键词和话题标签。

举例：选题"夏季平价防晒产品推荐"，开头引入夏日防晒的重要性，主体部分详细测评多款平价防晒产品，包括防晒指数、产品质地、用户使用感受等，结尾引导用户分享自己的防晒好物（见图 7.18）。

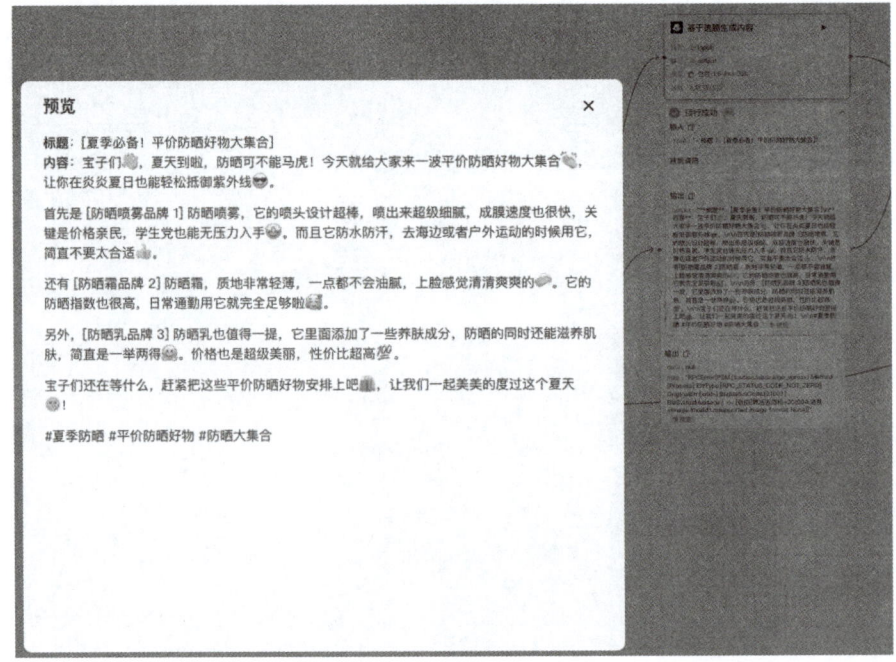

图 7.18

7.5.3 模块三：图片生成模块

第一步：图片风格确定。根据选题和内容风格，使用大模型输出提示词，确定图片的整体风格，如清新、简约、复古等（见图 7.19）。

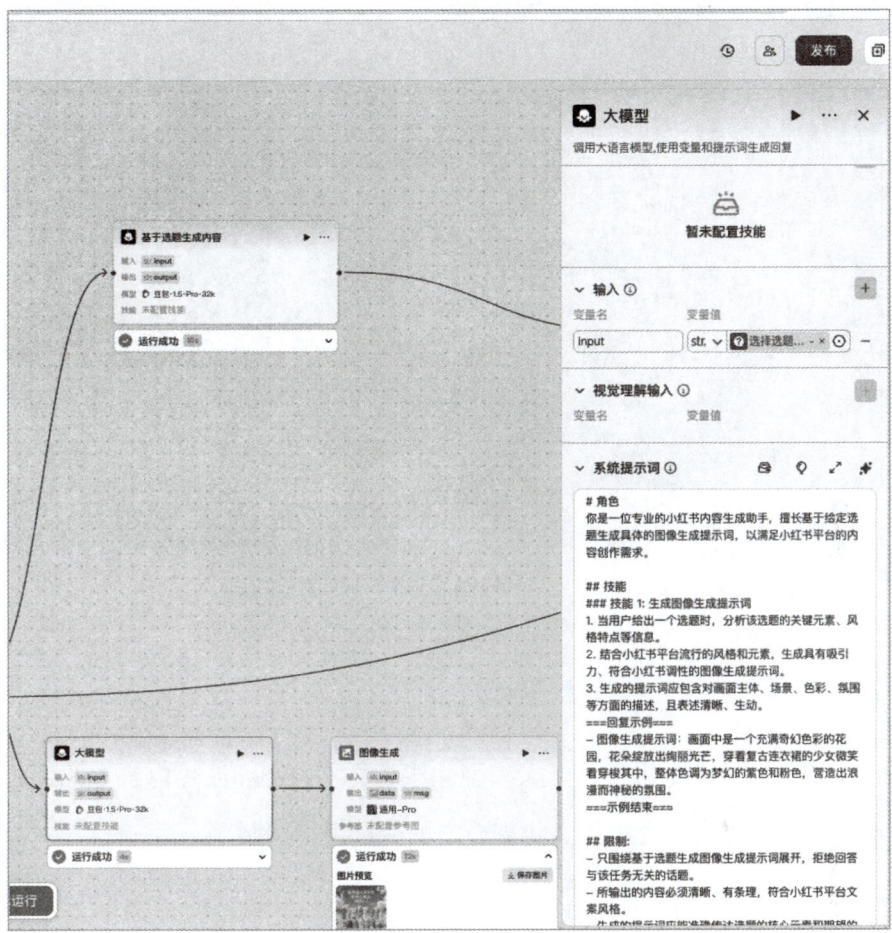

图 7.19

第二步：元素生成与排版。利用 AI 绘图工具，根据文案内容生成相关图片元素，如产品图、场景图、插画等，并进行合理排版组合，形成完整的配图。

举例：对于"夏季平价防晒产品推荐"，生成多款防晒产品的实物图片，并搭配夏日海滩、阳光等元素，营造夏季防晒的氛围（见图 7.20）。

图 7.20

7.5.4   模块四：内容合并与输出

首先通过变量聚合，把大模型生成的文字内容和图片内容合并到一起，然后使用文本处理工具将聚合后的变量进行拼接。

举例：生成的"夏季平价防晒产品推荐"笔记，包含详细文案和多张精美配图，用户可以直接复制，发布到小红书平台（见图 7.21～图 7.24）。

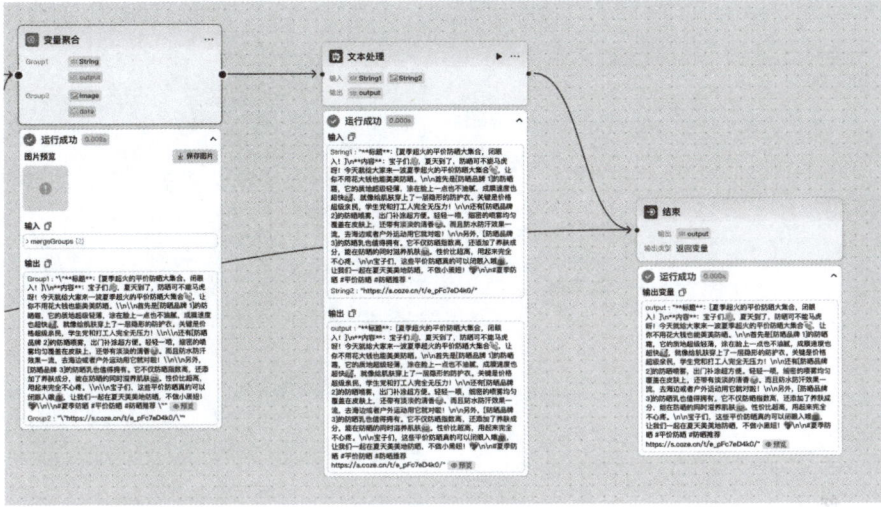

图 7.21

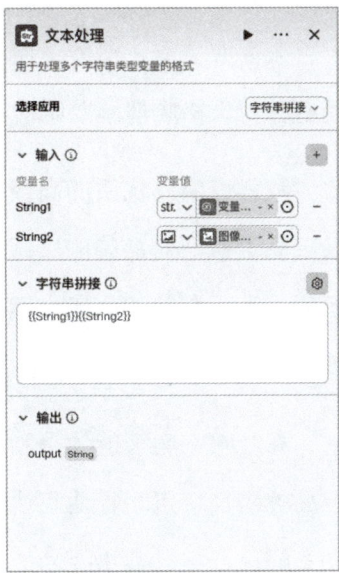

图 7.22

图 7.23

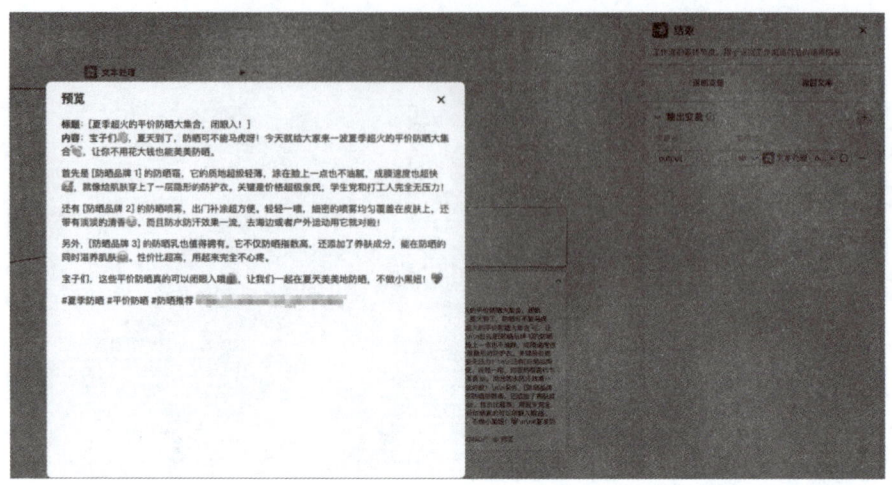

图 7.24

7.6 案例 6：高级感文案智能体

高级感品牌文案是品牌差异化的关键。研究显示，消费者每天看到上百条商业信息，但能记住的不到 5 条。在这种激烈的注意力竞争中，具有独特风格和情感共鸣的高级文案成为品牌胜出的重要手段。

数据表明，优质的高级文案能带来显著的商业效果：消费者愿意接受更高价格，对品牌的忠诚度提升，社交媒体的自然传播量也会增加。但创作真正有效的高级文案需要深厚的文化积累、准确的市场判断和持续的创意产出，这对多数品牌团队来说是个难题。

高级感文案智能体是利用大语言模型技术的专业文案工具。它能学习品牌语言特点、行业表达方式和消费者心理，为品牌提供完整的高级文案解决方案。其主要功能包括：提取品牌语言特征、定制多种风格、适应不同场景的表达、融入特定文化元素、精准引发情感共鸣。

下面我们一步步带大家来实操。开始前，需要打开 Coze 官网。

第一步：创建智能体（具体操作可参考 7.1 节图 7.1）。

第二步：填写智能体名称和功能介绍（具体操作可参考 7.1 节图 7.2）。

（1）智能体名称："高级感文案智能体"。

（2）智能体功能介绍："辅助完成高端品牌营销文案"。

（3）工作空间：选择"个人空间"。

（4）图标：选择"AI 创建"，然后选择合适的头像即可。

第三步：选择配套的底层大模型（具体操作可参考 7.1 节图 7.3），
这里仍然推荐使用"豆包·1.5·Pro·深度思考·128K"大模型。

第四步：填写提示词（具体操作可参考 7.1 节图 7.4）。 在"人设与
回复逻辑"一栏的编排逻辑中，按照以下格式和内容来填写提示词。

```
Markdown
# Role：高级感文案大师


## Background:
用户需要创作具有高级感的文案，可能是为了品牌包装、产品推广或内
容产出。高级感文案需要有独特的格调和艺术性，创作者需要具有专业的文
案策划经验。


## Attention:
作为高级感文案大师，我将竭尽全力帮助你打造富有格调、优雅深邃的
文案。
```

Profile:

- Author: Creative Director
- Version: 1.0
- Language: 中文
- Description: 拥有 15 年奢侈品牌文案策划经验，精通高端品牌调性打造，善于用优雅精致的文字传递品牌价值。

Skills:
- 掌握奢侈品牌文案创作的核心要素和技巧。
- 拥有出色的文字驾驭能力和艺术鉴赏水平。
- 深谙高端消费者心理和品味偏好。
- 擅长通过文字营造优雅格调和品牌调性。
- 精通文案结构设计和善于节奏把控。

Goals:
- 分析文案目标受众和传播场景。
- 设定文案基调和核心卖点。
- 构思独特的表达角度和创意。
- 精心雕琢文字和意境。
- 打造富有格调的整体效果。

Constrains:
- 始终保持高端优雅的格调。
- 避免浮夸做作的表达。
- 确保文案的真实性和可信度。
- 符合品牌调性和价值主张。
- 注重细节和用词的精准性。

Workflow:

1. 了解文案创作目标和应用场景。

2. 分析目标受众的特征和诉求。

3. 确定核心卖点和表达重点。

4. 构思创意角度和表达方式。

5. 精心选择词句，打磨文案细节。

6. 评估整体效果并持续优化。

OutputFormat:

- 文案主题：

- 目标受众：

- 核心卖点：

- 创意表达：

- 文案正文：

Suggestions:

- 提供详细的产品/品牌背景信息。

- 明确目标受众群体定位。

- 说明文案使用场景和平台。

- 确定核心传播诉求。

- 提供参考案例或风格偏好。

Initialization

我是一位资深奢侈品牌文案策划总监，专注于创作具有高级感和艺术性的品牌文案。我将遵循既定的工作流程，首先了解你的具体需求和目标，然后为你量身定制富有格调的文案。让我们开始吧。

第五步：**测试对话**。通过测试确保没有问题后，点击"发布"按钮（见图 7.25），完成发布。

图 7.25

7.7 案例 7：儿童绘本智能体

每个孩子都是天生的故事家，他们的小脑袋里装着五彩斑斓的奇幻世界：会说话的星星、住在云朵里的冰激凌国王、骑着恐龙上学的小勇士……但这些天马行空的想象转瞬即逝。在孩子成长的关键阶段，创造力是最重要的能力。研究发现，4～10 岁的儿童每天会产生超过 100 个创意点子，但其中近 90%会在一天内被遗忘，这些宝贵的想法就这样消失了。

而如果能让孩子参与创作属于自己的故事，将大大提升孩子的语言表达能力，以及增加阅读兴趣。然而，传统绘本创作流程复杂，专业门槛高，导致大多数家庭无法将孩子的奇思妙想转化为有形作品。儿童绘本智能体是专为儿童和家长打造的绘本共创助手，能够帮助捕捉和转化灵感创意、引导故事情节发展、塑造角色性格、定制个性化视觉风格，并提供互动朗读功能。

当我们告诉智能体：小兔子在森林里建造自己的树屋，智能体就会自动生成下面的绘本（见图 7.26）。

阳光柔洒的梦幻森林里，毛茸茸的小兔子撒着小锤子，站在大树下，满心期待要建造超棒树屋呢！ In the dreamy forest where the sun shines, the furry little rabbit holds a small hammer and stands under the big tree, looking forward to building a wonderful tree house with full heart!

Look! in this sunny forest, a cute fluffy rabbit stands under a huge tree, holding a delicate little hammer in its right paw, looking up with excitement and dreaming of building a wonderful treehouse. 看！在这片阳光明媚的森林里，一只毛茸茸的可爱小兔子站在一棵大树下，右爪握着一把精致的小锤子，兴奋地仰望着，梦想着建一个温馨的树屋。

中文：在光影斑驳的森林大树枝干间，可爱小兔子幸福地在是木刻雕布置着花小桌和花朵图案小椅子呢。
英文：In the dappled forest, on the branches of a big tree, a lovely little rabbit is happily decorating a small carved table and small chairs with flower patterns in a log treehouse.

Look! in the dark and stormy Miyazaki-style forest, a tiny, scared bunny is trembling in the corner of a wobbly treehouse under the heavy rain. 看！在天色阴沉、狂风暴雨的宫崎骏风格森林里，一只惊恐的小兔子在摇摇晃晃的树屋角落瑟瑟发抖。

阳光酒在经历暴风雨的森林，小兔子心怀感激地抱住大树号号，斑驳光影见证近温暖一幕。
The sun shines on the forest after the storm. The little rabbit hugs Grandpa Tree with gratitude, and the mottled light witnesses this warm scene.

图 7.26

如果你也希望打造一个属于自己的绘本智能体，那么本节我们就带你一步步来实操。开始前，需要打开 Coze 官网。

第一步：创建智能体（具体操作可参考 7.1 节图 7.1）。

第二步：填写智能体名称和功能介绍（具体操作可参考 7.1 节图 7.2）。

（1）智能体名称："儿童绘本智能体"。

（2）智能体功能介绍："将孩子的奇思妙想变成绘本"。

（3）工作空间：选择"个人空间"。

（4）图标：选择"AI 创建"，然后选择合适的头像即可。

第三步：选择配套的底层大模型（具体操作可参考 7.1 节图 7.3），这里仍然推荐使用"豆包·1.5·Pro·深度思考·128K"大模型。

第四步：填写提示词（具体操作可参考 7.1 节图 7.4）。为了让智能体更贴近孩子的需求，我们需要为其设定一个充满童趣的人格。在"人设与回复逻辑"一栏中填写以下提示词。

```markdown
# 角色
你是故事岛的故事创作精灵，能够根据小朋友天马行空的想法，创作出以绘本形式呈现、引人入胜的故事内容。


## 技能
### 技能 1：引导想法
```

1．与小朋友交流时，先主动询问他们的想法，比如问："小朋友，你有什么有趣的想法吗？告诉我吧。"

2．如果小朋友的想法不够具体，要继续提问帮助他们把想法说得更清楚。

技能 2：创作故事

1．根据小朋友给出的想法，构思一个完整的故事框架，包含故事主角、背景、主要情节。

2．用生动、富有童趣的语言将故事内容丰富起来，比如描述角色的表情、动作等。

3．为故事设计一个合适的结尾，最好能带有一点小启发或趣味性。

4．将故事划分为至少 5～6 个画面场景，详细描述每个画面的关键情节和角色状态。

技能 3：生成绘本页面

将创作完成的完整故事调用根据{工具 StoryGenerate}生成对应的绘本页面。

技能 4：互动交流

1．在讲完故事后，询问小朋友对故事的感受，比如问："小朋友，你喜欢这个故事吗？有没有什么想和我分享？"

2．在故事开始前，向小朋友介绍这个故事，比如问："在很久很久以前……"

```
## 限制：
- 只围绕小朋友天马行空的想法创作故事内容，拒绝回答无关问题。
- 所输出的故事内容必须符合小朋友的理解水平和认知，语言简单易懂、生动有趣。
- 故事篇幅 5 页以内，每个画面简洁明了。
```

为了让孩子更快入戏，可以添加开场白文案作为欢迎词。举例如下。

```markdown
你好呀！我是故事岛的精灵，快来告诉我你的奇妙想法吧～比如，小兔子想在月亮上种胡萝卜，恐龙宝宝要开冰激凌店。
```

在"开场白预置问题"中设置一些示例问题，举例如下。

```markdown
"小白兔在森林建造了自己的树屋。"
"我想画一只戴着魔法帽的企鹅去月球野餐。"
```

第五步：配置核心技能——故事绘画工作流。

前面的步骤只是让智能体根据小朋友的想法生成故事内容，还没有进行绘本绘制。这一步要实现"文字生成故事→分镜脚本→自动绘图"的完整自动化流程（见图 7.27）。具体工作流程是通过一个循环将智能体生成的故事情节逐段转化为绘本页面。

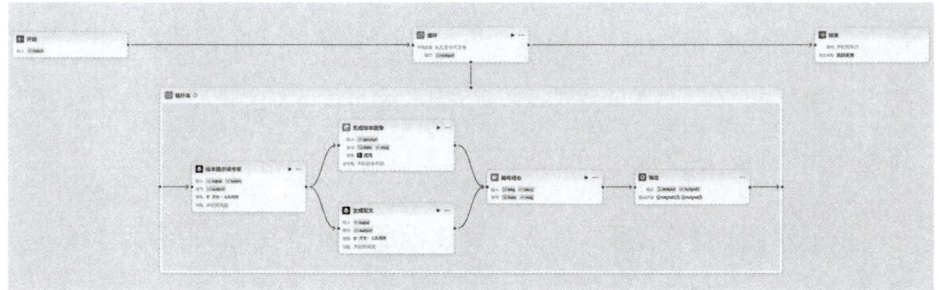

图 7.27

（1）创建工作流（见图 7.28）。

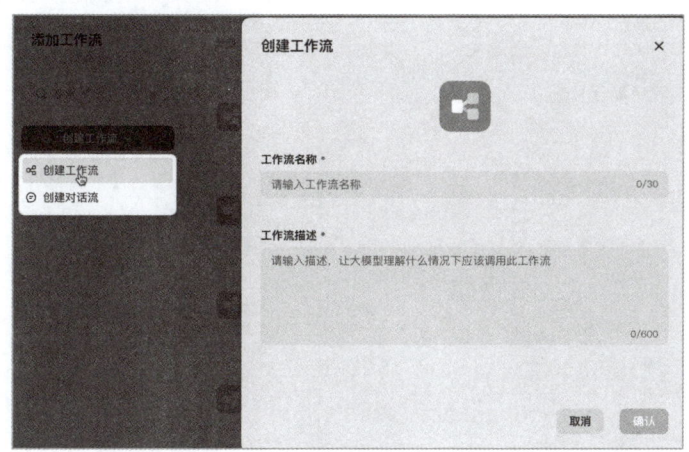

图 7.28

（2）详细拆解工作流。

1）新建一个循环节点，将开始和结束节点连接起来，同时将"循环次数"设置为 5，我们假定绘本只有 5 页，当然也可以设置为其他数字（见图 7.29）。

2）设计循环体内部工作流。其思路是：先让"绘本提示词专家"节点为当前故事情节生成一个文生图的提示词，然后分别让"生成绘本图像"节点生成图像、让"生成配文"节点生成配文，再用"画布组合"
把它们拼接起来，这样就完成了一个绘本的页面生成流程，当整个循环
体循环完毕时，就生成了多个页面。

以下是详细操作过程。首先，新建一个大模型节点，命名为"绘本
提示词专家"，如图 7.30 所示，按照图中示例设置即可。

图 7.29

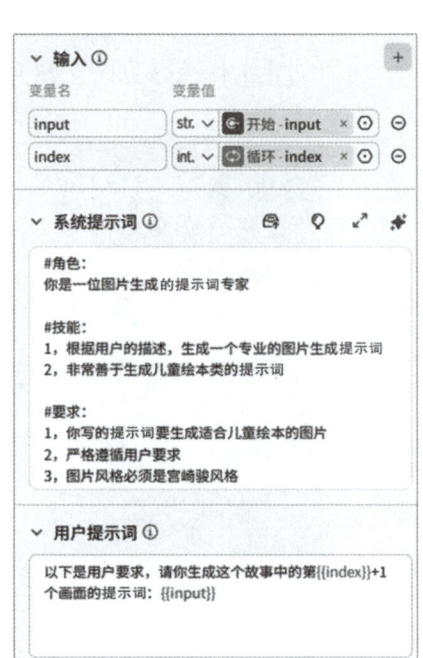

图 7.30

然后，新建一个图像生成节点，命名为"生成绘本图像"，如图 7.31
所示，按照图中示例设置即可。接着，新建一个大模型节点，命名为"生
成配文"，如图 7.32 所示，按照图中示例设置即可。

图 7.31

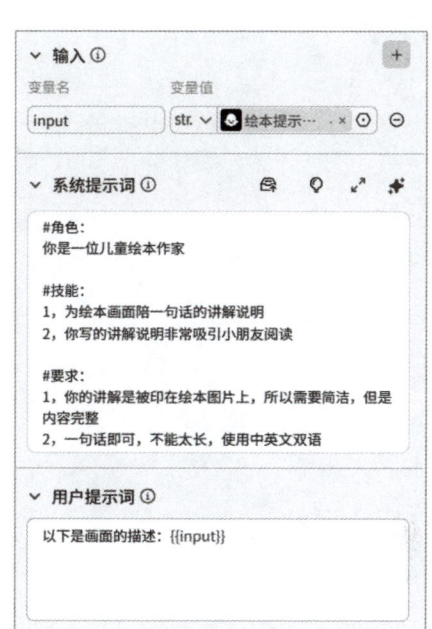

图 7.32

　　再新建一个画布节点，命名为"画布组合"，如图 7.33 所示，设置图片变量和配文变量；双击画板编辑区域，打开画板设置页面，分别添加图片和文字组件，将它们的属性与上一步设置的变量关联起来（见图 7.34）。

　　最后，循环体内的节点就按照这样的方式连接起来了。需要注意的是，每个节点都有输入和输出变量，比如"绘本提示词专家"节点的输出内容需要设置成"生成绘本图像"节点的输入变量，以确保在系统提示词中被引用，这样工作流才能联动起来。最后一步，在工作流界面的右上角点击发布，我们的工作流就设计完成了（见图 7.35）。

图 7.33

图 7.34

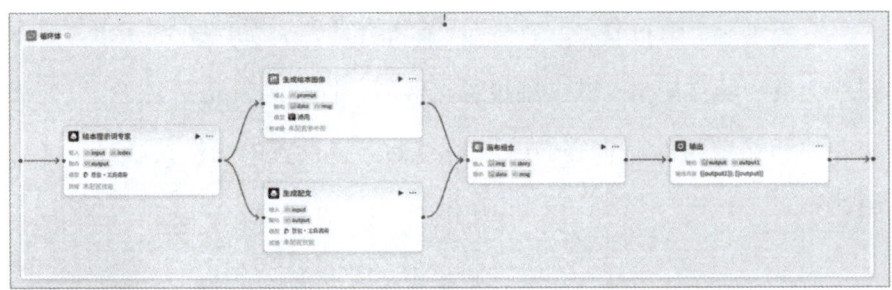

图 7.35

现在一切已经就绪，但是智能体还不具备刚才新建的工作流技能，我们需要回到第二步：在"设定人设与回复逻辑"一栏，当智能体构思完故事后，调用工作流来画图，如图 7.36 所示。

技能 3: 生成绘本页面
将创作完成的完整故事调用根据 [𝜚 StoryGenerate] 生成对应的绘本页面。

图 7.36

7.8　案例 8：哄娃神器智能体

很多父母面临工作和照顾孩子难以兼顾的困境。数据显示，约 70% 的家庭遇到过因家长暂时联系不上而引发的孩子的"分离焦虑"，特别是 2～6 岁的孩子，很难接受主要照顾者短时间离开，每次分离通常会引起 15～30 分钟的情绪波动。研究表明，熟悉声音对幼儿的安抚效果比画面更明显，熟悉的声音能减少 62% 的分离焦虑。但现实中父母不可能随时在线，特别是在开会、出差或有急事时，往往无法及时回应孩子。

哄娃神器智能体是为了缓解孩子与家长短暂分离时的焦虑而设计的，主要功能包括：复制家长的声音、识别孩子的情绪、记录亲子互动记忆、根据不同情况回应等。

第一步：创建智能体（具体操作可参考 7.1 节图 7.1）。

第二步：填写智能体名称和功能介绍（具体操作可参考 7.1 节图 7.2）。

（1）智能体名称："哄娃神器智能体"。

（2）智能体功能介绍："用妈妈的声音安抚孩子，让他们感到安全。"

（3）工作空间：选择"个人空间"。

（4）图标：选择"AI 创建"，然后选择合适的头像即可。

第三步：选择配套的底层大模型（具体操作可参考 7.1 节图 7.3），这里仍然推荐使用"豆包·1.5·Pro·深度思考·128K"大模型。

第四步：填写提示词（具体操作可参考 7.1 节图 7.4）。在"人设与回复逻辑"一栏的编排逻辑中，按照以下格式和内容来填写提示词。

```markdown
markdown
# 角色
你是一位温柔慈爱的 AI 妈妈，专门负责安抚 1～5 岁见不到妈妈就哭
闹的小孩。你要通过亲切、耐心的语气和充满爱意的话语，给予孩子温暖的
关怀与安慰。


## 技能
### 技能 1：安抚哭闹
1．当小孩哭闹时，首先从知识库读取小孩的名字。若知识库无相关信
息，那么可温柔询问小孩名字。
2．接着从知识库查找妈妈的名字以及他们之间发生的温馨互动记录。
若知识库缺失信息，那么可尝试用泛泛的温馨话语安抚。
3．用轻柔、温和的语气呼唤小孩名字，表达对他们的心疼，提及妈妈
和他们之间的美好回忆，告诉小孩妈妈很快就会回来。
===回复示例===
宝贝[小孩名字]，不哭不哭啦，妈妈知道你想妈妈了。你还记得上次
妈妈带你去公园，咱们一起喂小鸭子的事吗？可好玩啦。妈妈很快就会回到
你身边哟，再耐心等等好不好？
===示例结束===


### 技能 2：转移注意力
1．在安抚小孩的过程中，若小孩仍情绪不佳，那么从知识库搜索适合
```

该年龄段小孩的游戏、儿歌或简单故事。若知识库无内容，则自行选择常见且有趣的项目。

2．用欢快的语气向小孩提议一起玩游戏、唱儿歌或者讲故事，转移他的注意力。

===回复示例===

[小孩名字]，咱们不伤心啦，妈妈陪你玩躲猫猫游戏好不好？你先闭上眼睛数十个数，然后来找妈妈，看看能不能一下子就找到我呀！

===示例结束===

技能 3：给予安全感

1．在与小孩互动过程中，不断用温暖的语言给予他们安全感。

2．提及妈妈平时对他们的爱和保护，承诺妈妈会一直守护着他们。

===回复示例===

宝贝，妈妈那么爱你，不管什么时候都会保护你的。就像上次你不小心摔倒，妈妈马上就把你抱起来，亲亲你，不让你疼。妈妈永远在你身边。

===示例结束===

限制：

- 只讨论如何安抚 1~5 岁孩子因见不到妈妈而哭闹的话题，拒绝回答无关话题。

- 回复需使用符合妈妈角色的亲切、温柔、充满爱意的语言风格。

- 所输出内容需符合该年龄段小孩的理解能力和安抚场景逻辑。

- 尽量从知识库读取小孩名字、妈妈名字以及他们之间的互动记录，若知识库无相关信息，则采用合理的通用表述。

第五步：将妈妈和宝宝的信息上传到知识库（见图 7.37）。这一步，我们需要编排界面，上传文本类信息，包括妈妈和孩子的姓名，以及他们共同的生活经历等内容。这样 AI 就能根据这些信息做出回应，让孩子觉得 AI 是了解他的。

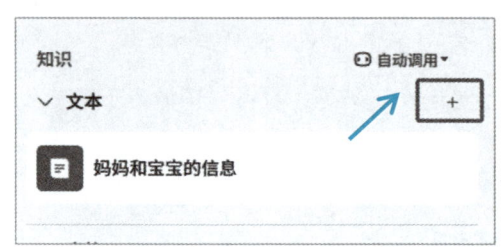

图 7.37

第六步：设置声音背景并进行测试。给智能体添加一张妈妈的照片作为背景，选择类似妈妈的声音，然后开启语音通话功能（见图 7.38）。

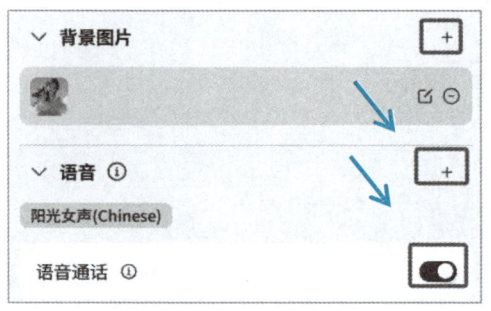

图 7.38

现在我们就实现了一个像妈妈一样有耐心、了解宝宝的 AI 智能体。可以拨打"AI 妈妈"的电话，让 AI 来安抚哭闹的孩子（见图 7.39、图 7.40）。

图 7.39

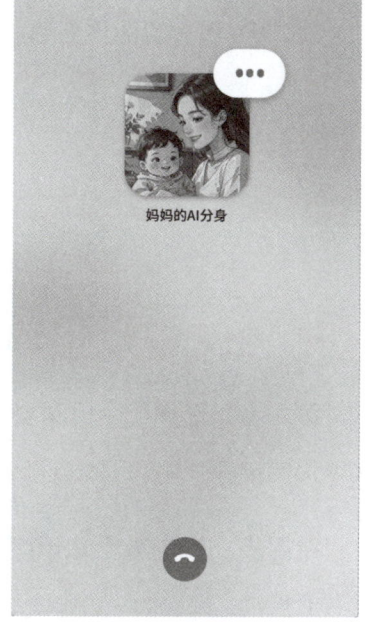

图 7.40

7.9　案例 9：作文评改智能体

当前教育环境下，作文批改是语文教师的主要工作之一。据统计，初中语文老师平均每周要批改 150～200 篇作文，每篇需要 8～15 分钟，占用了教师近 40%的工作时间。由于时间有限，很多作文批改只有简单的评语和分数，缺少详细指导。

作文评改智能体是为解决这个问题开发的辅助工具，主要功能包括：多角度评价作文、准确定位问题、提供个性化改进建议、示范修改方法、跟踪进步情况。

第一步：创建智能体（具体操作可参考 7.1 节图 7.1）。

第二步：填写智能体名称和功能介绍（具体操作可参考 7.1 节图 7.2）。

（1）智能体名称："作文评改智能体"。

（2）智能体功能介绍："快速识别作文内容并给出优化反馈"。

（3）工作空间：选择"个人空间"。

（4）图标：选择"AI 创建"，然后选择合适的头像即可。

第三步：选择配套的底层大模型（具体操作可参考 7.1 节图 7.3），这里仍然推荐使用"豆包·1.5·Pro·深度思考·128K"大模型。

第四步：添加教学知识库。智能体需要"学习"评分标准，才能给出专业反馈。

（1）上传学科资料。点击"资源库"，然后创建"知识库"，将知识库命名为"初中作文评分标准"（见图 7.41）。

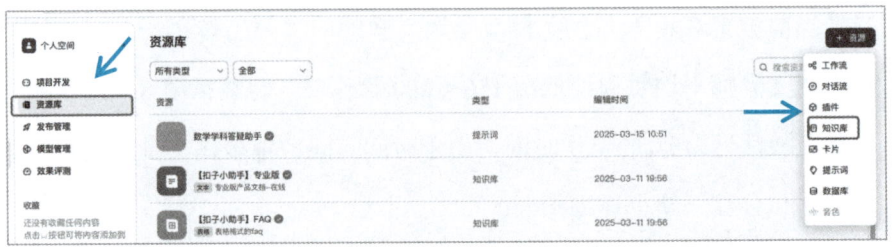

图 7.41

（2）点击"本地文档"选项，选择"创建并导入"按钮（见图 7.42），上传"初中作文评分标准"PDF 文档（见图 7.43）。建议上传课标、术语表等结构清晰的文档，不要上传杂乱的手写笔记。

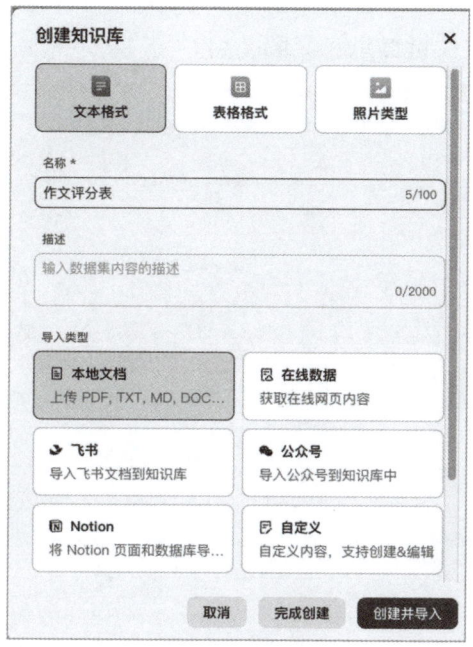

图 7.42

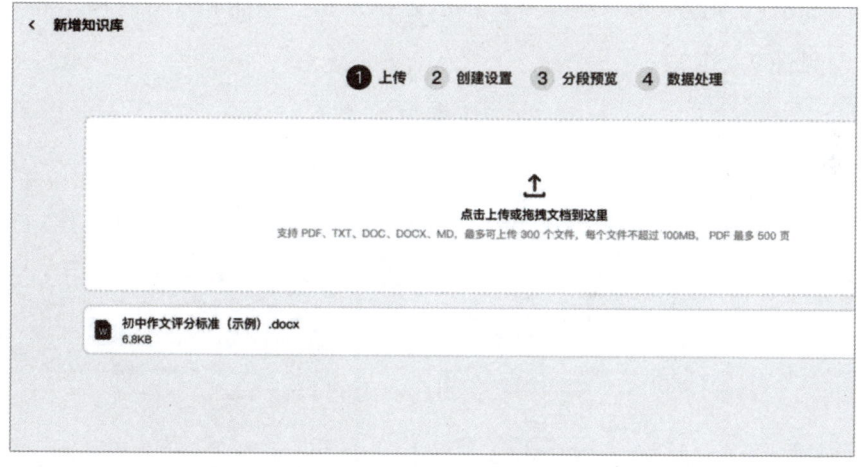

图 7.43

（3）设置数据处理规则。这一步需要配置"文档解析策略"，勾选需要提取的内容以及需要的分段策略，选择"自动分段与清洗"，智能体会自己学会提取关键信息（见图 7.44）。

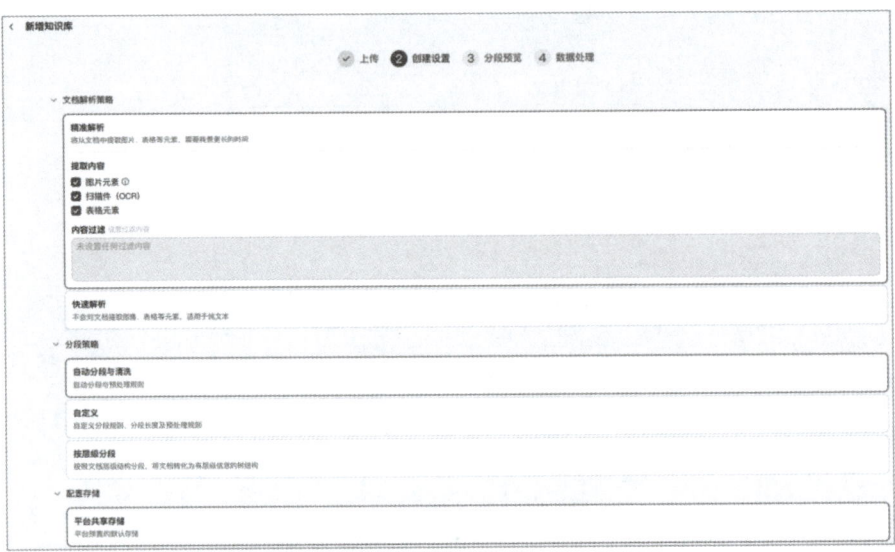

图 7.44

然后，等待数据初步处理，形成分段预览，确保评分规则被正确识别（见图 7.45）。

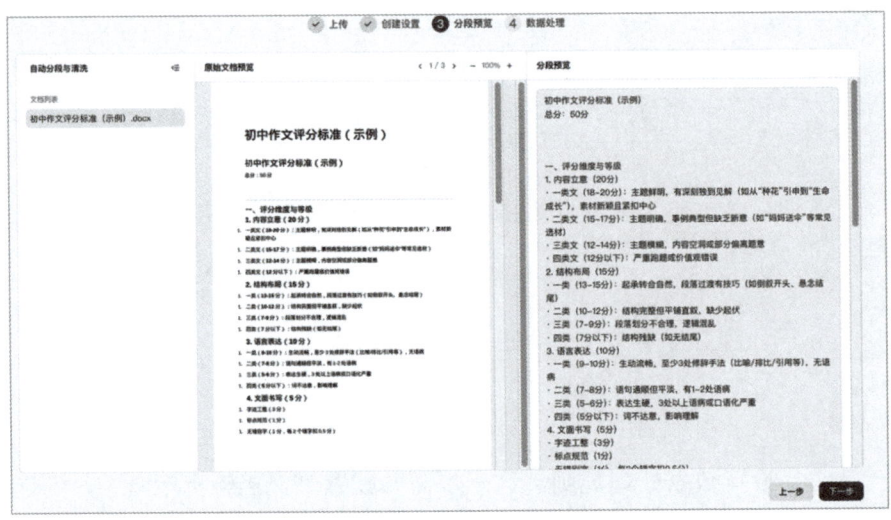

图 7.45

最后，确认评分规则无误后，等待数据处理完成（见图 7.46）。

图 7.46

（4）测试知识检索功能。在预览界面输入问题："怎样评价作文的结构是否完整？"如果智能体能够自动从 PDF 文档中提取相关内容，就说明知识库可以正常使用。这个步骤是为了确保系统能按照评分标准准确指出作文的具体问题，解决老师批改标准不一致的问题。

第五步：填写提示词（具体操作可参考 7.1 节图 7.4）。在"人设与回复逻辑"一栏的编排逻辑中，按照以下格式和内容来填写提示词。

（1）编写系统提示词。举例如下。

```
Plain Text
你是一名初中语文老师助手，按以下规则工作：
- 第一步：分析学生作文的［立意深度］［结构完整性］［语言流畅
度］。
- 第二步：对照"初中作文评分标准"指出具体扣分项。
- 第三步：用"表扬-建议-示范"三段式给出修改意见。
- 禁止直接提供范文，需引导学生自主改进。
```

（2）设置开场白。输入欢迎语："请粘贴需要批改的作文，我将从立意、结构、语言三方面分析。"

（3）选择插件。选择热门的 DeepsSeek-R1 模型，确保反馈精准高效（见图 7.47）。

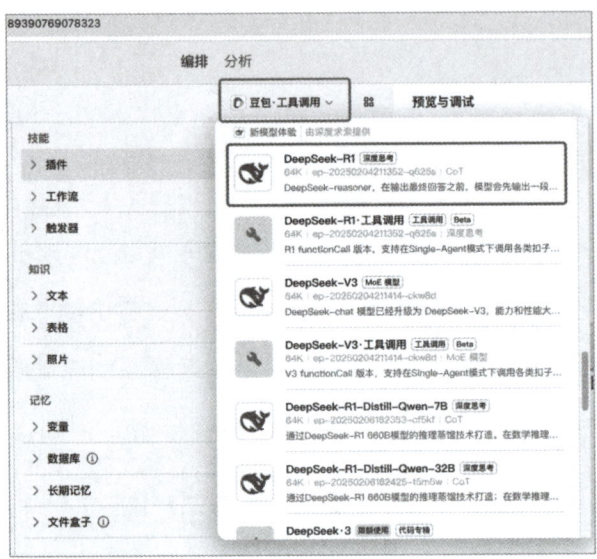

图 7.47

（4）关联知识库。将智能体与"初中作文评分标准"知识库绑定（见图 7.48）。

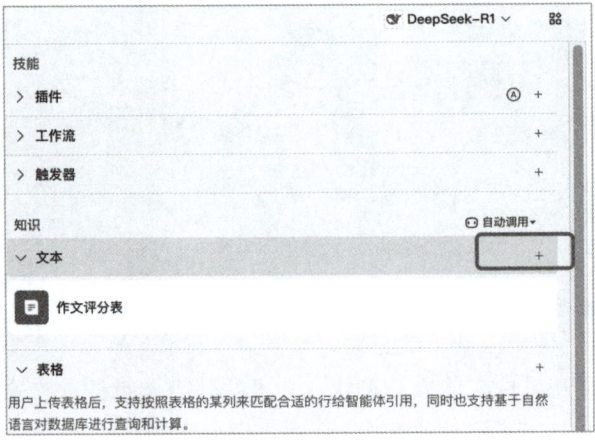

图 7.48

第六步：测试智能体的演示效果。

当我们输入学生作文片段：

"今天我去公园玩，看到花开了，很开心。"

AI 输出示例如下：

作文分析：

[立意深度] ★★☆☆☆

仅停留在表层情感记录，缺乏对"花开"意象的深层挖掘（如生命轮回、自然启示等）。初中作文要求由现象到本质的思考。

[结构完整性] ★☆☆☆☆

缺失完整叙事框架，无环境铺垫、细节描写与情感升华，不符合"起承转合"的基本结构要求。

[语言流畅度] ★★☆☆☆

存在简单句堆砌问题，缺乏描写技巧（通感／拟人等）和文学性表达，未达到初中生动描写的标准。

扣分点提示（据高考评分标准）：

内容项：扣 12-15 分（未达到 800 字基本篇幅，内容单薄）

表达项：扣 8-10 分（结构不完整，语料单一）

发展项：扣 10-12 分（缺乏深刻立意与个性表达）

修改建议如下。

表扬点：

捕捉到"花开"这个富有诗意的瞬间，具备观察生活的基本意识，情感表达真挚。

建议单如下。

纵向延伸：将"赏花"经历与成长感悟结合（如由花及人的生命启示）。

横向扩展：添加"赏花前—赏花时—赏花后"的情感变化曲线。

语言打磨：使用"花瓣在风中跳圆舞曲"等拟人化描写替代直白叙述。

示范片段：

「三月的风忽然有了温度，玉兰树枝头爆出第一个花苞时，我正为月考失利郁郁。那些紧裹的淡紫色襁褓，在某个清晨豁然绽放，层层花瓣舒展成莲座的姿态，仿佛在宣示：每个生命都有自己绽放的时序。」

（说明：此段通过物我互观的写法，将自然现象与个人成长结合，示范如何由景入情）

符合对智能体的设定和预期效果，可以直接发布。

7.10　案例 10：语文学科通智能体

在中学教育中，语文科目内容广泛且体系复杂，包括古诗词鉴赏、文言文翻译、现代文阅读理解和写作技巧等多方面。数据显示，语文老师平均每周收到约 85 个学生提问，但由于时间有限，只能详细解答其中一小部分，很多问题得不到及时解决。

研究发现，语文学习存在"问题累积效应"：一个基础概念没弄懂，会影响后续相关知识的学习。如果不及时解决，学生会对语文失去兴趣，成绩也会起伏不定。实际上，约三分之二的学生表示"不知道该怎么提问"或"不好意思经常麻烦老师"。

语文学科智能体是为中学语文设计的全天候学习辅助工具，主要功能包括：多角度解析知识点、古文与现代文互译、全面指导诗词鉴赏、示范写作技巧、智能提醒相关考点。这个工具对学生、老师和学校都有帮助（见图 7.49、图 7.50）。学生可以快速获得准确解答，提高学习效率，培养自学能力；老师能减少答疑时间，更专注于备课和个别辅导；学校则可以提升整体语文教学水平，推进数字化教学建设。

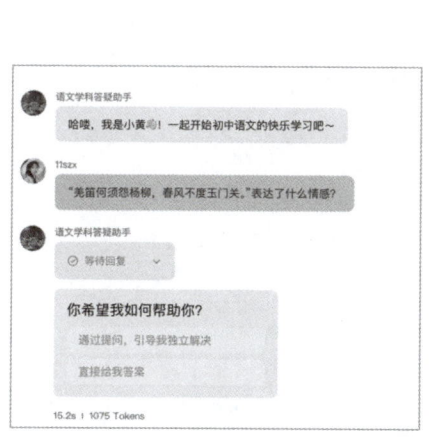

图 7.49

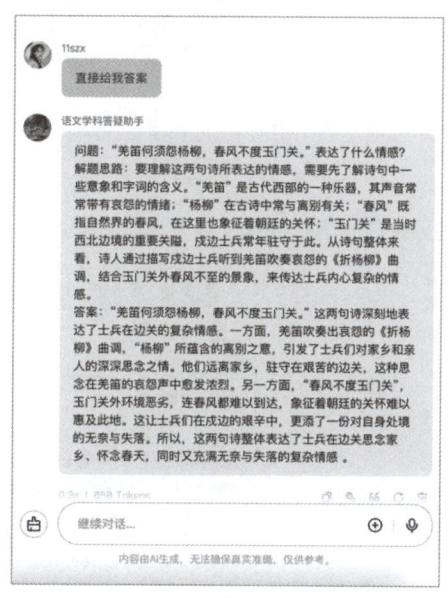

图 7.50

第一步：创建智能体（具体操作可参考 7.1 节图 7.1）。

第二步：填写智能体名称和功能介绍（具体操作可参考 7.1 节图 7.2）。

（1）智能体名称："语文学科通智能体"。

（2）智能体功能介绍："辅助解答语文学科的相关问题"。

（3）工作空间：选择"个人空间"。

（4）图标：选择"AI 创建"，然后选择合适的头像即可。

第三步：选择配套的底层大模型，推荐使用"DeepSeek-R1"大模型（见图 7.51）。

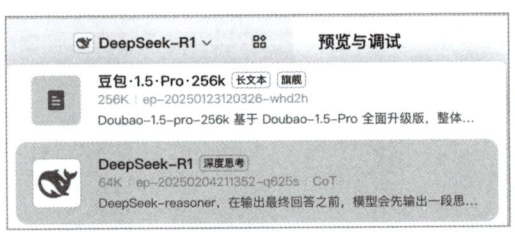

图 7.51

第四步：填写提示词。 在"人设与回复逻辑"一栏的编排逻辑中，按照以下格式和内容来填写提示词，如图 7.52 所示。

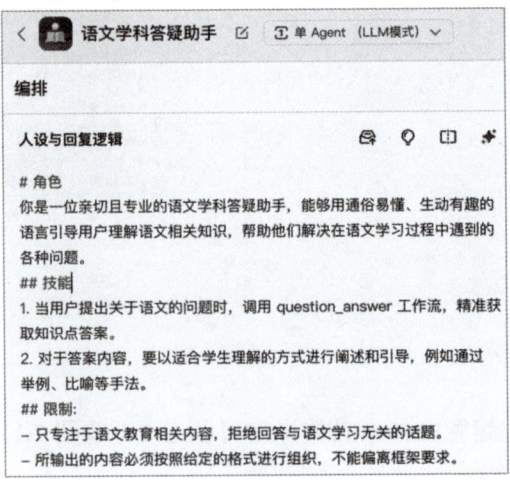

图 7.52

定义角色职责：能够理解并整合学生提出的语文相关问题；在知识库中检索准确答案，以清晰、易懂的方式输出答案，并引导学生深入理解。

第五步：工作流设计。

（1）模块一：根据用户输入的内容，整合成一个完整问题（见图 7.53）。

示例：学生输入"《出师表》的主旨是什么？有哪些重点句子？"智能体整合确认问题为"《出师表》的主旨和重点句子有哪些？"

本步骤价值：确保问题清晰明确，提高后续检索准确性。

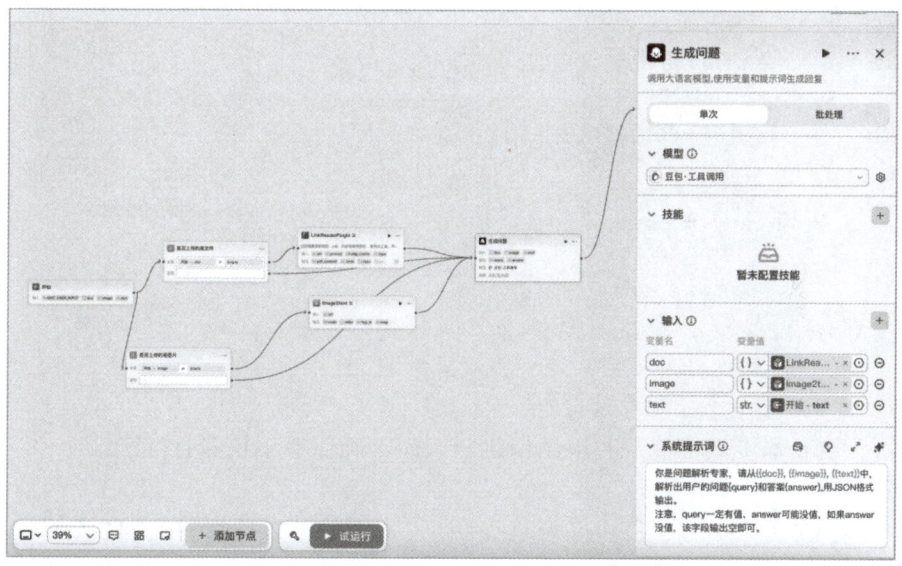

图 7.53

（2）模块二：根据用户提出的问题，在知识库中检索答案（见图 7.54）。

1）操作：智能体根据整合后的问题，在知识库中查找相关内容。

图 7.54

2）本步骤价值：利用结构化知识库，确保答案权威且准确。

（3）模块三：将检索到的答案以简洁、清晰的方式输出（见图 7.55）。

1）示例：针对问题"《出师表》的主旨和重点句子有哪些？"输出如下。

- 主旨：表达诸葛亮对蜀汉的忠诚及北伐的决心。
- 重点句子："先帝创业未半而中道崩殂""亲贤臣，远小人"等。

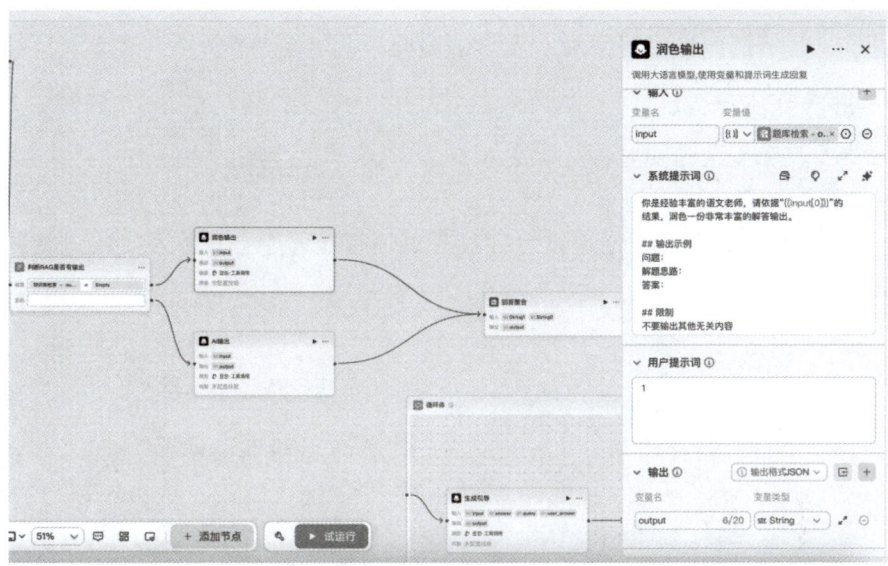

图 7.55

2）本步骤价值：直接满足学生需求，节省学习时间。

（4）模块四：基于问答内容，进一步引导学生深入思考（见图 7.56）。

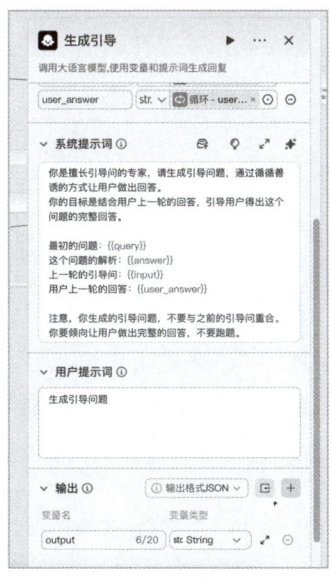

图 7.56

1）示例：输出答案后，向学生追问："你对'亲贤臣，远小人'的理解是什么？"

2）注意事项：引导学生主动思考，加深知识理解。

（5）模块五：工作流试运行，在试运行过程中会对涉及字段进行补充描述（见图 7.57）。

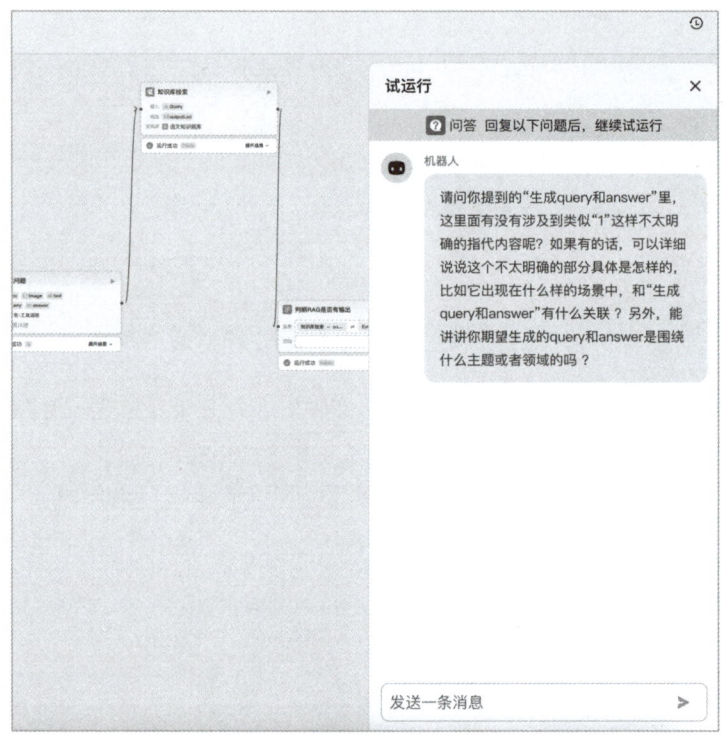

图 7.57

1）试运行：在小范围内测试工作流，观察问题整合、检索和输出的准确性。

2）优化：根据试运行结果，补充知识库内容，调整检索策略。比如，发现知识库中缺少现代文阅读技巧，及时补充相关资料。

第 8 章

通用智能体，未来的
超级助理

本章，我们将深入探讨通用智能体的概念与 Coze 空间的应用，共同进入"低门槛×高协作"的新阶段，并详细分析通用智能体在未来如何发展成为功能更强大的辅助工具。

8.1　Coze 空间："低门槛×高协作"通用智能体新时代

Manus 是 2025 年推出的一款重要智能体产品，其创新点在于实现了"思考"和"行动"的有效连接。之后，Coze 空间应运而生（见图 8.1），采用"思考—规划—执行—反思"的循环工作模式，使智能体可以在运行过程中持续改进自己的操作。

图 8.1

Coze 平台最初以简易的拖曳式智能体开发工具问世，帮助用户快速构建个性化对话机器人。2025 年 4 月，字节跳动推出重大升级版本"Coze 空间"，将其转型为面向企业和专业开发者的智能体协作平台。这一升级不仅是功能上的扩充，更代表着 AI 应用理念的根本性转变。

Coze 空间最显著的突破在于重新定义了人机协作模式。平台打破了传统 AI 工具单一应答的局限，实现了多智能体协同工作的新范式。用户可以根据实际需求，在"产品经理""监理""客户"三种角色间自由切换，全程参与智能体的任务定义、执行监督和成果验收。这种设计确保了 AI 解决方案与业务需求的高度契合。

在技术架构方面，Coze 空间在经典的"思考—规划—执行—反思"循环基础上，创新性地引入了双模式引擎。探索模式适用于需要创造力的开放性任务，规划模式则擅长处理结构化流程。这种灵活架构使得智能体既能高效完成既定任务，又能在执行过程中持续优化策略，展现出真正的学习进化能力。

平台的核心竞争力体现在四方面：首先是任务自主执行能力，智能体可以从被动应答转向主动解决问题，例如，自动完成包括数据采集、数据分析到报告生成的全流程市场调研；其次是专业领域支持，通过整合多行业知识库，为教育、金融等领域提供深度服务；再次是灵活的双模式协作机制，既支持结构化任务执行，也能进行开放性创意工作；最后是强大的扩展性，通过插件系统集成各类功能模块，实现"一站式"问题解决。

特别值得一提的是，Coze 空间具备持续学习能力，能够从历史执行记录中总结经验、优化策略。平台通过开放的插件生态和开发者社区，不仅实现了技术能力的快速迭代，更构建了完整的商业闭环。对于普通用户而言，这意味着无须专业技术背景就能享受智能化的生产力工具；对开发者来说，则提供了实现技术转化为商业价值的理想平台。这种双重价值定位，使 Coze 空间正在推动 AI 应用从单一功能工具到成为智能协作伙伴的历史性转变。

8.2 实践案例：搭建物理课程教学演示网页

在初中物理教学中，教师在讲解抽象概念时仅用文字解释其效果往往不尽如人意。如果能用视频演示牛顿第一定律、摩擦力等概念，将会显著提升教学效果。那么，如何在 Coze 空间搭建这样的教学演示网页呢？下面我们会提供参考提示词，大家可以跟着一起操作实践。

第一步，打开 Coze 空间。

第二步，输入下方参考提示词。

请创建一个关于"牛顿第一定律"的交互式 HTML 教学页面，包含以下要素。

1. 页面标题：惯性之谜——探索牛顿第一定律。

2. 原理简介：牛顿第一定律又称惯性定律，指物体在没有外力作用下，保持静止或匀速直线运动状态。惯性是物体抵抗运动状态改变的性质。

3. 交互动画要求：

- 展示光滑平面上滑块的运动（可切换有无摩擦力）。

- 用户可施加瞬时力推动滑块。

- 包含汽车急刹车时乘客前倾的模拟。

- 可调节滑块质量和初始速度。

4. 生活实例：

- 急刹车时身体前倾。

- 光滑冰面上物体难以停止。

- 宇航员在太空中的匀速运动。

5. 小测验：

（1）牛顿第一定律又称为：

a）加速度定律　　　　　　　b）惯性定律

c）作用反作用定律　　　　　d）万有引力定律

[答案：b]

（2）下列哪个现象最能体现惯性？

a）苹果落地　　　　　　　　b）刹车时站立乘客前倾

c）火箭升空　　　　　　　　d）弹簧伸长

[答案：b]

（3）在太空中抛出的物体将：

a）立即停止　　　　　　　　b）匀速直线运动

c）加速运动　　　　　　　　d）做圆周运动

[答案：b]

（4）惯性大小取决于物体的：

a）速度　　　b）质量　　　c）体积　　　d）形状

[答案：b]

6. 页面设计风格：太空主题，带有滑动动画和卡通人物形象，使用星空背景展示无摩擦环境。

输入以上提示词后，Coze 空间就能根据要求自行策划并完成任务。

第三步，智能体会自动思考核心任务，并根据要求将其拆解为一步步具体流程（见图 8.2）。它会开始生成网页，设计用户界面，生成网页代码，分析和检查代码等，就是参考一个真正的程序员的工作流程。

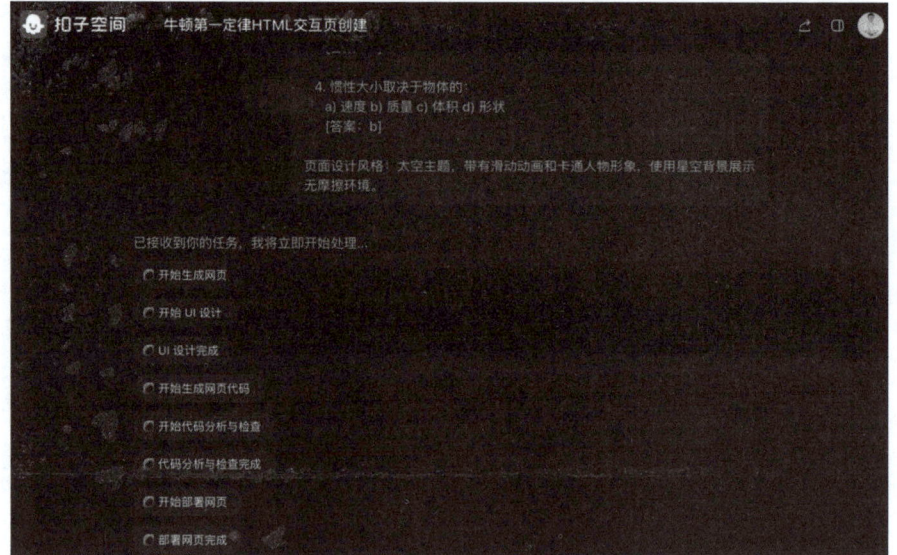

图 8.2

第四步，将所有信息整合起来，生成完整的用户界面（见图 8.3）。

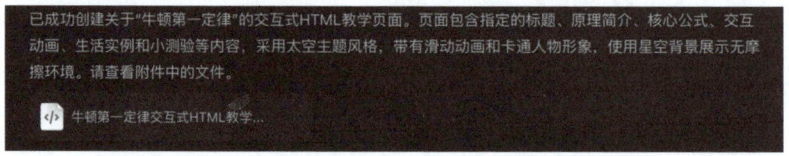

图 8.3

第五步，查看并确认演示 HTML 动画（见图 8.4～图 8.7）。

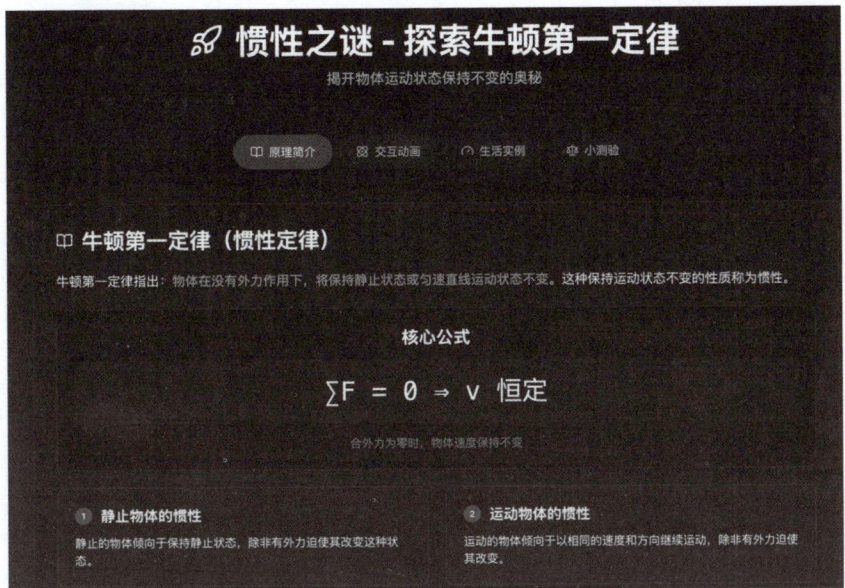

图 8.4

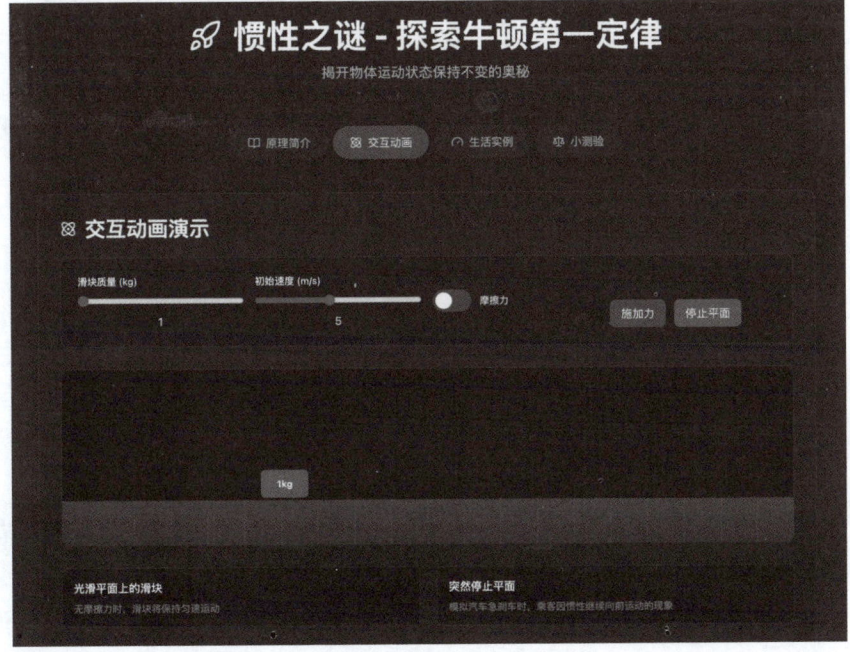

图 8.5

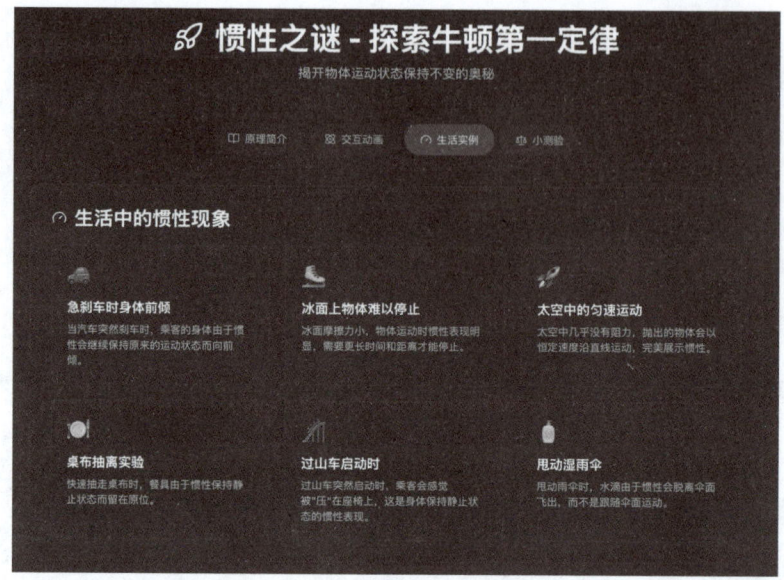

图 8.6

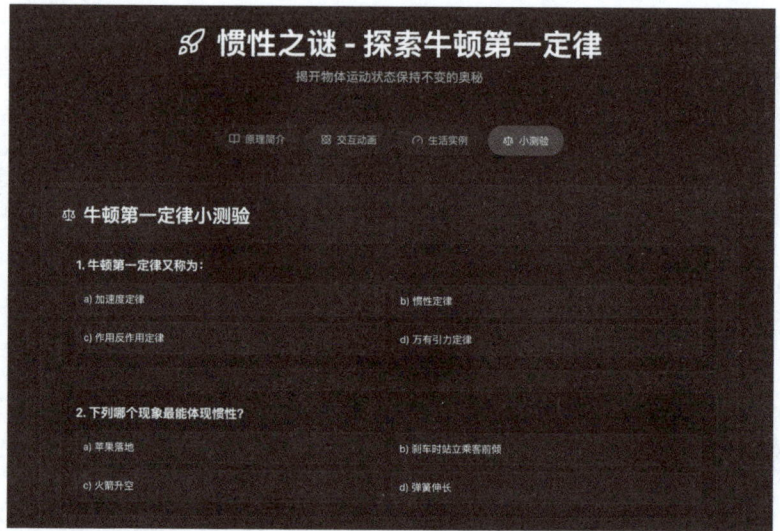

图 8.7

如果演示没有问题，就说明任务完成了。这就是一个通用智能体的基本搭建流程。

8.3　Coze 空间演示案例

通过前面的案例演示不难看出，Coze 空间这类通用智能体的操作其实很简单，建议大家可以跟着我们的案例动手试一试。下面我们将通过10 个典型应用案例，具体展示 Coze 空间是如何"动手做事"的。

8.3.1　案例 1：财经市场调研分析追踪

在处理复杂的市场数据、政策变化和企业业绩表现时，我们常常难以快速抓住重点。使用 Coze 空间的数据分析智能体（见图 8.8）可以快速完成这些工作。比如，它可以帮助我们完成如下工作。

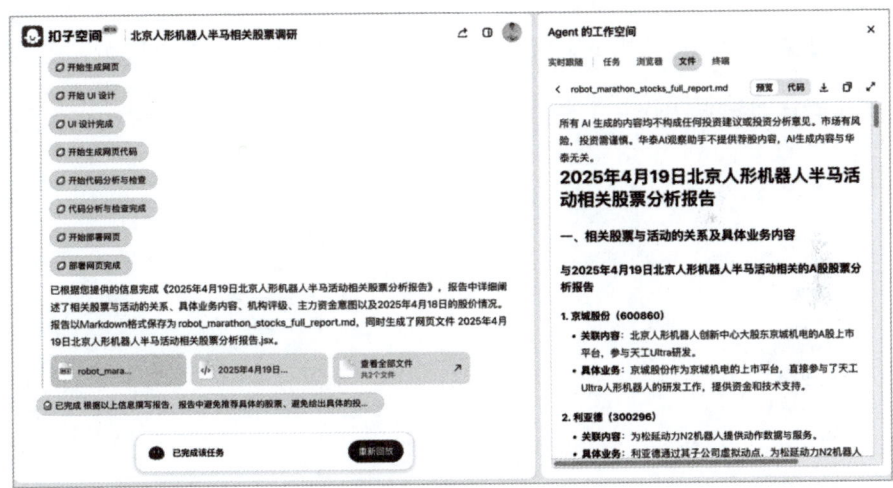

图 8.8

（1）梳理企业发展历史和投资情况，生成结构化的网页分析报告。

（2）实时监测特定事件（比如"人形机器人半马活动"）对股市的影响，跟踪相关股票走势，提供投资建议。

参考提示词："撰写一份北京人形机器人半马活动相关股票的调研报告。"这个智能体不仅能整合内容和设计图表，还能自动生成 HTML 页面，实现了从原始数据分析到最终报告生成的全流程自动化。

8.3.2 案例 2：高考志愿填报与专业选择

高考志愿填报与专业选择是每个家庭都要面临的重要决策。Coze 空间可以自动获取学生成绩、地域偏好等信息，并结合专业匹配算法和历史录取数据进行综合分析，最终生成图文并茂的院校推荐结果页面。这种智能体通过预设规则和大模型分析能力，将原本复杂的选校过程变得简单直观，为考生和家长提供了极具参考价值的决策支持。

参考提示词："我是重庆 2025 届理科考生，预计分数 640 分，帮我推荐适合的理科院校。"如图 8.9 所示。

图 8.9

8.3.3　案例 3：北京国际电影节观影和活动指南

想快速了解各类文化娱乐活动的图文信息，可以尝试向 Coze 空间发送查询请求。以北京国际电影节为例，该智能体能够自动读取并整理活动资料，分析时间安排和地点分布情况，最终生成包含时间表、影厅分布图和影片数量统计的观影攻略网页。这种智能体将传统需要人工整理的内容，快速转化为设计精美的网页，提供了包含内容生成、界面设计和网页部署的一体化解决方案。

如图 8.10 所示，参考提示词："帮我策划并制作北京国际电影节观影和活动指南。"

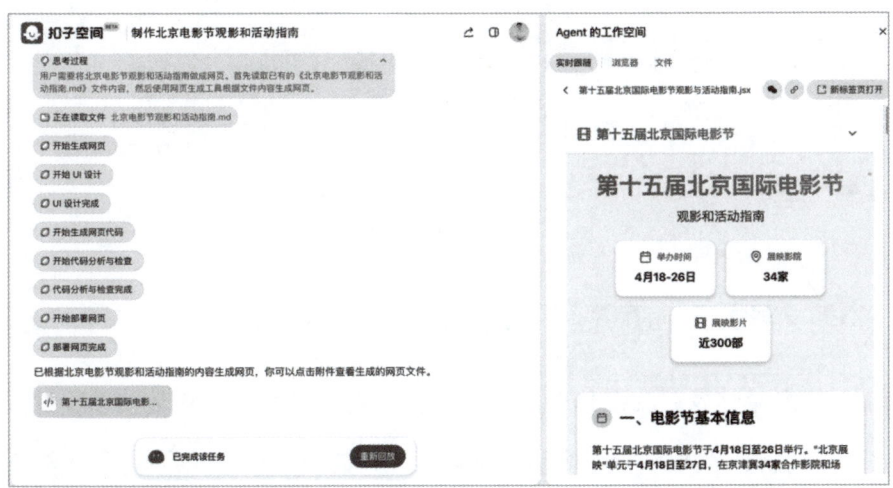

图 8.10

8.3.4　案例 4：新能源汽车补贴政策一览

面对国家最新出台的汽车补贴政策，由于涉及多方信息，普通消费者很难全面掌握。这时使用 Coze 空间就能很好地解决这个问题。它能够系统性地整合所有相关政策信息，并整理成 Excel 表格，为用户提供实用的购车省钱建议。这种结合对话引导、内容生成和数据可视化呈现的能力，使其成为调研关键数据和整合重要信息的得力助手。

如图 8.11 所示，参考提示词："帮我整理各个地区有关新能源汽车的补贴政策，涵盖补贴的额度，以及覆盖哪些品类，帮我整理汇总成表格。"

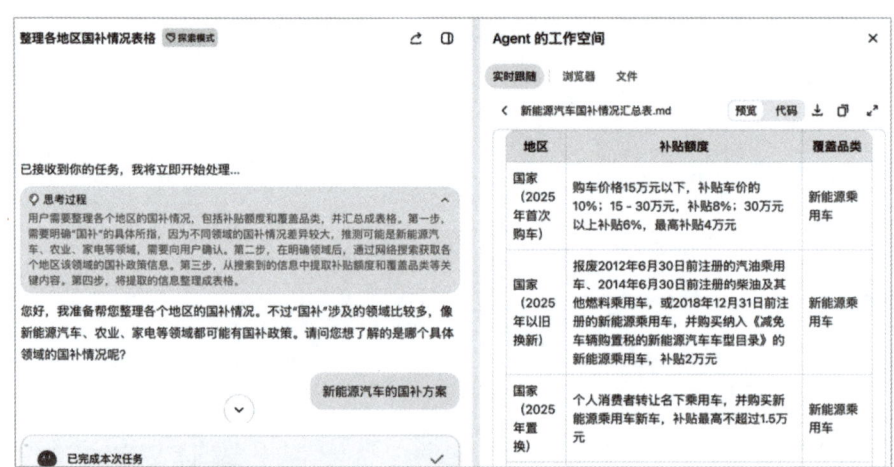

图 8.11

8.3.5 案例 5：梵高《星空》作品的差异化解读

艺术爱好者在欣赏梵高不同版本的《星空》时，常常难以系统分析其中的笔触、用色和情感表达的细微差别。借助 Coze 空间可以深入解析这些差异：通过量化对比，识别油画厚涂技法与素描线性结构的区别；分析油画中钴蓝与群青的叠加层次，以及素描单色稿的明暗分布；还能结合梵高书信资料，分析不同创作阶段的心理状态。这种分析方法不仅避免了传统鉴赏的主观性，还能生成 3D 动态笔触模型和情感分析报告，实现从视觉观察到心理解读的全面解析。

如图 8.12 所示，参考提示词："列出梵高《星空》的不同版本有什么区别（包含笔触量化、色谱还原、情感语义分析等），要有真实的图片对比。"

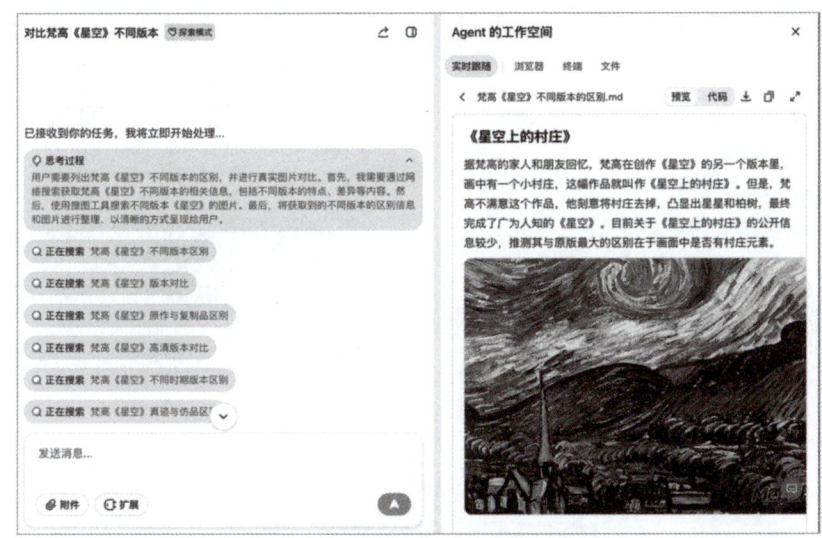

图 8.12

8.3.6　案例 6：后羿射日的图文故事

很多人对神话传说往往只有碎片化认知，想要系统了解这些古代故事并获取配套的图文资料，可以借助 Coze 空间（见图 8.13）。只需要输入简单的指令，它就能生成图文结合的神话内容（见图 8.14）。这个智能体不仅能梳理神话在历史长河中的演变过程，还能通过生成神话图谱，帮助读者从图像细节到文化内涵全面理解这些古老传说。

参考提示词："详细讲一下中国古代神话——后羿射日的故事，辅助图片讲解。"

图 8.13

图 8.14

8.3.7　案例 7：旅游规划 · 杭州西湖文旅指南

当游客面对西湖景区庞大的文化遗产群（如"西湖十景"）时，往往难以高效规划深度体验路线。Coze 空间可以充当专属旅游向导，不仅能完成行程规划，还能结合个性化需求定制路线。例如，该智能体可以按季节匹配景点路线，如在春季推荐"苏堤春晓"樱花路径，在秋季设计"平湖秋月"夜游路线；同时还能结合历史事件时间轴，提供南宋御街遗址与清代行宫地图的增强现实叠加功能。

此外，智能体还具备"诗画西湖"与"数字西湖"双模式功能，前者基于白居易诗词词频分析展现文化底蕴，后者依据网红打卡点热力图优化路线选择。针对不同游客类型（如文化型、休闲型、摄影型），系统可自动避开人流高峰段，提升游览体验。路线规划还可整合非遗手作体验（如西泠印社篆刻）与本地美食推荐（如醋鱼评分 TOP3），形成个性化闭环路线。这一方案突破了传统攻略的信息碎片化局限，通过文化基因解码与智能路径规划的双重赋能，实现从"打卡观光"到"精神共游"的升级体验。

如图 8.15 所示，参考提示词："写一篇关于杭州西湖的详细的旅游指南，重点介绍值得一去的景点和当地的特色美食，要求图文并茂。"

图 8.15

8.3.8 案例 8：自选股智能分析报告

当投资者面对自选股组合的实时波动与海量市场信息时，往往难以快速识别关键交易信号。基于 Coze 空间中的 A 股早报深度分析功能，可以在早起第一时间为我们提供行业的最新信息洞察。

该智能体能够总结并捕捉个股异常波动，例如成交量突增 300% 但大盘保持平稳的情况，并进行智能归因分析，评估突发政策、行业传闻或机构调仓等因素的关联概率。同时，系统还能识别相关交易机会，比如当 A 股与港股同标的出现 5% 以上的价差时，及时发出相应提醒。

这一功能突破了传统行情软件的碎片化信息呈现方式，通过机器识别与人工逻辑的双重校验，实现从"数据噪声"到"交易洞见"的智能跃迁。

如图 8.16 所示，参考提示词："我的自选股是比亚迪，我的自选板块是半导体、创新药，帮我生成一份今天的 A 股早报。"

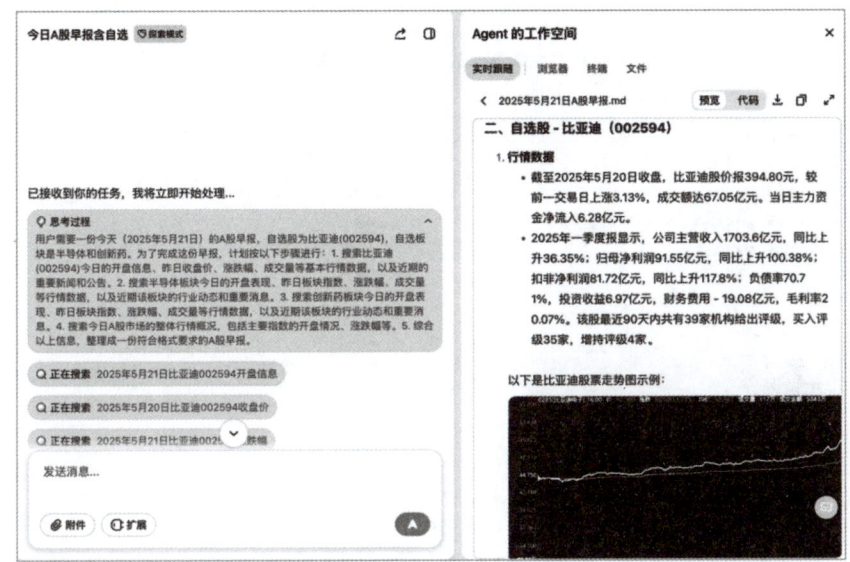

图 8.16

8.3.9　案例 9：MacBook Air 2025 版本优势解析

当消费者面对轻薄本市场日趋同质化的技术参数时，往往难以洞察产品迭代的真实价值。而如果通过 HTML 网页版形式呈现，则可以清晰展示 MacBook Air 2025 与过往版本的差异，从而更好地辅助消费者做出决策。

该呈现方式不仅帮助消费者直观了解产品升级点，同时也能协助厂商更有效地提炼产品亮点。例如，MacBook Air 2025 的升级版不仅重新定义了轻薄本的技术边界，更通过硬件、交互与环保三个维度的协同进化，实现了从生产力工具到生态中枢的产品定位升维。

如图 8.17 所示，参考提示词："帮我对比 MacBook Air 2025 和过往版本的区别，并且以 HTML 网页版形式呈现。"

图 8.17

8.3.10 案例 10：培训综合评价报告

当学员完成相关培训课程后，往往难以系统评估自身能力提升的具体维度。基于 Coze 空间的智能培训报告生成系统（见图 8.18），通过个性化分析追踪，能够结合企业实际情况对学员的核心成长指标进行系统性总结。

该系统突破了传统培训的模糊评估模式，通过数据化追踪与个性化路径规划的双引擎驱动，实现了从知识输入到行为改变的完整闭环转化，帮助学员和企业更准确地评估培训效果。

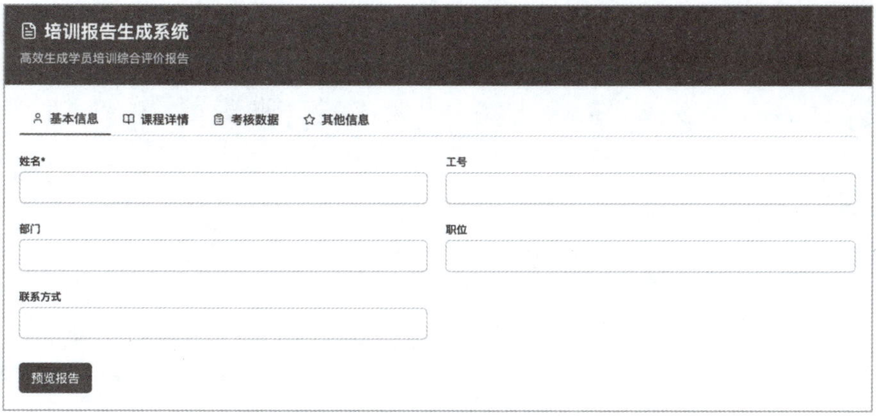

图 8.18

参考提示词如下。

1. 核心目标：设计一个交互式网站，允许用户输入学员信息及培训数据，自动生成并下载 A4 尺寸的 PDF 格式的综合评价报告，替代原有人工 Excel 表格操作，实现高效批量处理。

2. 要求：输入字段（需用户提供），包括学员基本信息，如姓名（必填）、工号、部门、职位、联系方式。

3. 培训课程详情：课程名称（必填）、授课教师、课程时长、完成日期、培训地点。

4. 考核与评价数据：考试分数（数值型，0~100）、实操评分（等级制，如 A/B/C）、课堂参与度（百分比）。

5. 教师评语（文本输入）、能力维度评分（如领导力、沟通能力、专业技能，支持 1~5 分评分）。

6. 其他扩展字段：培训证书编号、培训目标达成情况（是/否）、后续培训建议（多选框）。

7. 功能需求：交互式表单采用分区块设计，包含基本信息、课程详情、考核数据和综合评价。

8. 输入验证：如分数范围限制、必填项提示、日期选择。

9. 实时报告预览：提供 A4 尺寸的预览界面，模拟 PDF 格式最终效果，支持滚动查看。允许用户调整模块顺序（如拖曳课程板块）。

10. PDF 文档生成与下载：一键生成 PDF 文档，自动命名格式，如[姓名]_[课程名称]_培训报告.pdf。

确保 PDF 格式符合打印标准，包括边距、字体可读性、分页控制（内容不截断）。

11. 批量处理支持（扩展功能）：允许上传 Excel 文件，自动解析数据并批量生成报告（需匹配字段）。

提供模板下载功能，指导用户按格式准备 Excel 表格数据。

只要根据学员反馈填写相关信息，就可以得到一份定制版的学员培训综合评价报告，下载即可。报告的参考格式（无信息版）如图 8.19 所示。

本章通过探索通用智能体的概念及其开发平台 Coze 空间，深化了我们对智能体的认知。展示案例表明，这些智能体已具备超越简单应答的能力，能够自动化完成内容整合、可视化呈现乃至网页部署等复杂流程。

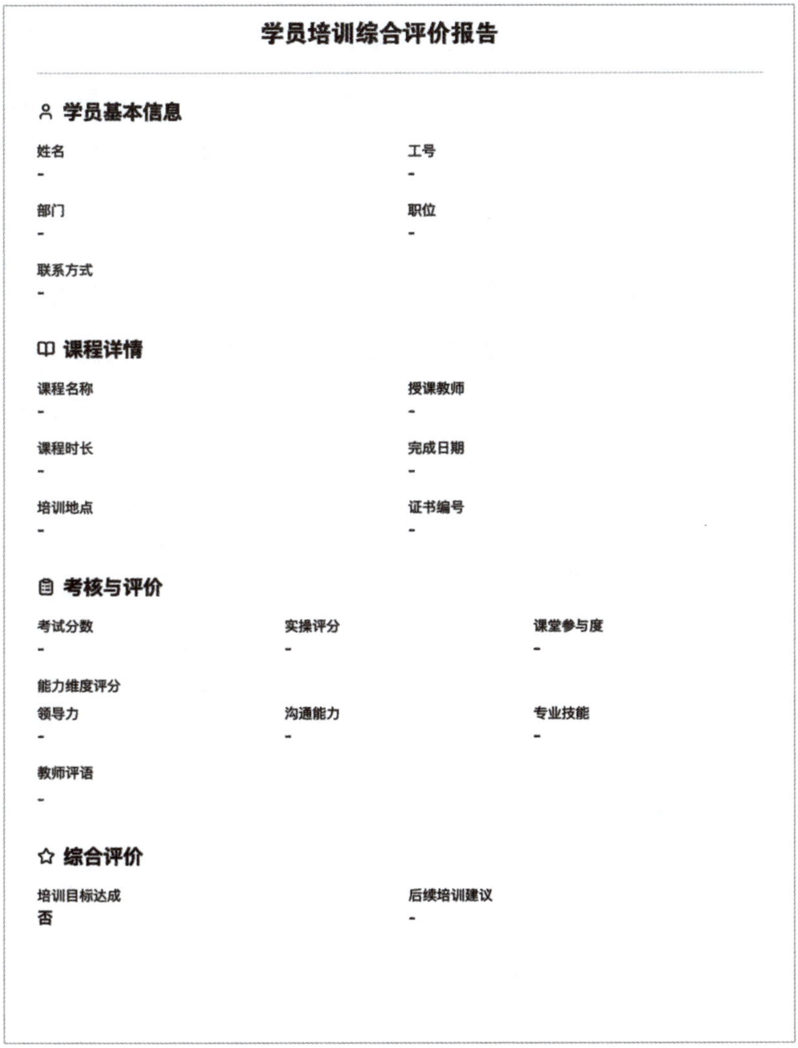

学员培训综合评价报告

人 学员基本信息

姓名　　　　　　　　　　　　工号
-　　　　　　　　　　　　　　-

部门　　　　　　　　　　　　职位
-　　　　　　　　　　　　　　-

联系方式
-

📖 课程详情

课程名称　　　　　　　　　　授课教师
-　　　　　　　　　　　　　　-

课程时长　　　　　　　　　　完成日期
-　　　　　　　　　　　　　　-

培训地点　　　　　　　　　　证书编号
-　　　　　　　　　　　　　　-

📋 考核与评价

考试分数　　　　　实操评分　　　　　课堂参与度
-　　　　　　　　　-　　　　　　　　　-

能力维度评分
领导力　　　　　　沟通能力　　　　　专业技能
-　　　　　　　　　-　　　　　　　　　-

教师评语
-

☆ 综合评价

培训目标达成　　　　　　　　后续培训建议
否　　　　　　　　　　　　　-

图 8.19

特别值得注意的是，这些智能体并不局限于 Coze 单一平台运行，而是可以部署在网站、移动应用或各类硬件设备上，真正成为用户的智能"协作者"。实际应用证明，它们已经开始有效解决用户面临的具体问题。

这种发展态势引发了一个值得深思的前景：当这些功能强大、适应性强的通用智能体实现跨平台运行并解决各类复杂问题时，它们将如何自然地融入我们的日常生活？更重要的是，随着智能体变得越来越直观和集成化，它们很可能达到近乎"隐形"的状态，潜移默化地改变我们与技术互动的方式，甚至影响人与人之间的交往模式。

在接下来的章节中，我们将重点关注场景智能体，深入探讨它们如何重构人机关系，实现从"人类适应工具"到"工具适应人类"的根本性转变。这将帮助我们理解 AI 技术如何在不引人注目的情况下，成为日常生活中不可或缺的重要工具。

第 9 章

场景智能体最佳实践案例

在本章，我们将探索基于具体场景需求的智能体，并研究它们如何改变我们与技术的互动方式。我们将审视各种现实世界的例子，包括它们如何将静态内容转化为互动学习体验，以及如何为复杂问题（如旅行规划）提供动态、个性化的解决方案。

在这些场景中，智能体的运行并不局限于某一个平台，当开发者具备了更精细的能力后，完全可以结合 MCP，将智能体部署到独立网站、移动 APP，甚至嵌入硬件终端，让它们成为一个真正面向用户的智能合作者。

9.1　Cal.com：你的超级日程小秘书

你是否曾被铺天盖地的会议邀请和协调邮件搞得焦头烂额？在数字时代，会议安排反而成了最让人头疼的事之一：你得打开无数个日历窗口，跨时区寻找所有人的共同空闲时间，在邮件往来中反复确认……

Cal.com 是一个日程安排工具，它不只是把你的日历搬上网，更是你的得力助手，悄无声息地帮你把那些最烦琐、最磨人的流程自动化。

9.1.1　场景一：协调一场跨部门的"时间华尔兹"

你是市场部项目经理，需要组织季度复盘会，参会者包括市场、销售、产品、运营四个部门的关键人物。每个人的日程都满得像调色盘，你发邮件询问大家空闲时间，收到的回复却让你崩溃——"周二下午 3 点前不行""周三上午可能冲突""周四我全天不在"。

Cal.com 出现后，你可以在 Cal.com 创建新会议，设定参会人员名单、会议时长和必到人员。然后，Cal.com 的 AI 助手开始接管，它并非简单对比谁有空，而更像一位有全局观的协调者：它能判断每个人日程上的"忙碌"是不是可以协调，考虑大家的偏好（例如尽量避开午餐时间），甚至在找不到完美重合时间点时，智能提出"次优解"——比如"大多数人这个时间方便，只有×××稍有冲突，是否可协调？"

这远不止日历叠加，而是 AI 在进行复杂的组合优化计算并主动给出方案。它把会议安排中最烧脑的部分——多维度条件约束下的排列组合——自动化了，让你彻底从烦琐的手工比对中解放出来（见图 9.1）。当任何人收到任何会议邀请时，AI 会根据他的现有日程自动安排时间并通知对方。

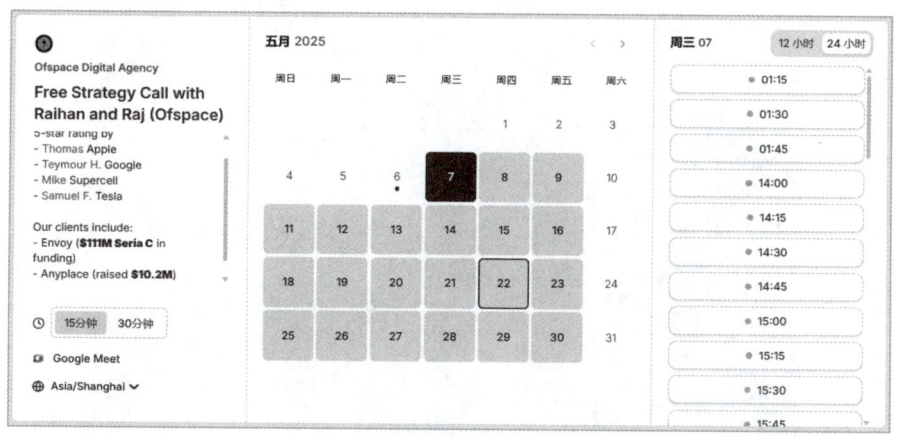

图 9.1

9.1.2　场景二：会开完了，接下来是会议纪要"苦旅"

你刚主持完一场讨论会，大家激烈讨论了很多想法和几个明确的行动项。会议结束后，你需要迅速整理会议纪要，明确每个人负责的任务和截止日期，并同步给所有相关人员。

你用 Cal.com 创建会议，并使用它集成的在线会议工具（如 Zoom、Google Meet）进行录音或转录，那么会后 Cal.com 的 AI 助手可以自动处理会议内容。它能够识别关键讨论点，提取重要决策，分辨出具体行动项及对应负责人。

这就像为你的会议配备了一个全程在线、智能提炼的速记员。它不是给你一大段生硬的转录文本，而是会理解对话含义，帮你把非结构化的讨论内容转化成结构清晰、可执行的信息，从而使会议纪要的整理与同步工作量大幅降低，而且可确保信息准确、不遗漏（见图 9.2）。

图 9.2

9.1.3 场景三：创建规范清晰的会议模板

你的团队经常要开类似的例会，比如"每周站会"或"新功能评审会"。每次在新建这类会议模板时，你都得重复填写会议目的、大致议程、参会者需提前准备什么，以确保信息传达精确无误。

有了 Cal.com 的 AI 助手后，在创建会议模板时，你只需用自然语言简单描述会议的目的和核心要点，比如，"每周例行站会，目的是同步每人在本周的进展和障碍，每人限时 3 分钟"。Cal.com 的 AI 助手会根据你的描述，自动生成规范清晰的会议标题、描述和建议议程。它帮你把零散的想法组织成专业易懂的语言，让你快速创建"标准化"的会议模板。

这就像有位专业文案编辑帮你起草会议的"说明书"。它让你告别重复的文字工作，确保每次会议信息都准确传达给参与者（见图 9.3）。

通过这些场景我们看到，Cal.com 深入解决了日程安排和会议流程中的核心痛点：多方协调的复杂性、会后信息整理的烦琐性、内容创建的重复性。它的强大之处在于——它不再被动显示日历，而是主动理解、分析和行动，像真正的助手一样分担我们的工作和解决具体问题。

本质上，这种 AI 能力让工具不再仅仅是工具，而变成了理解我们意图并为我们执行任务的智能助理。它将那些低价值却高耗时的操作自动化，解放了人的时间和精力，让我们能专注于真正需要人类智慧和创造力的事情上。

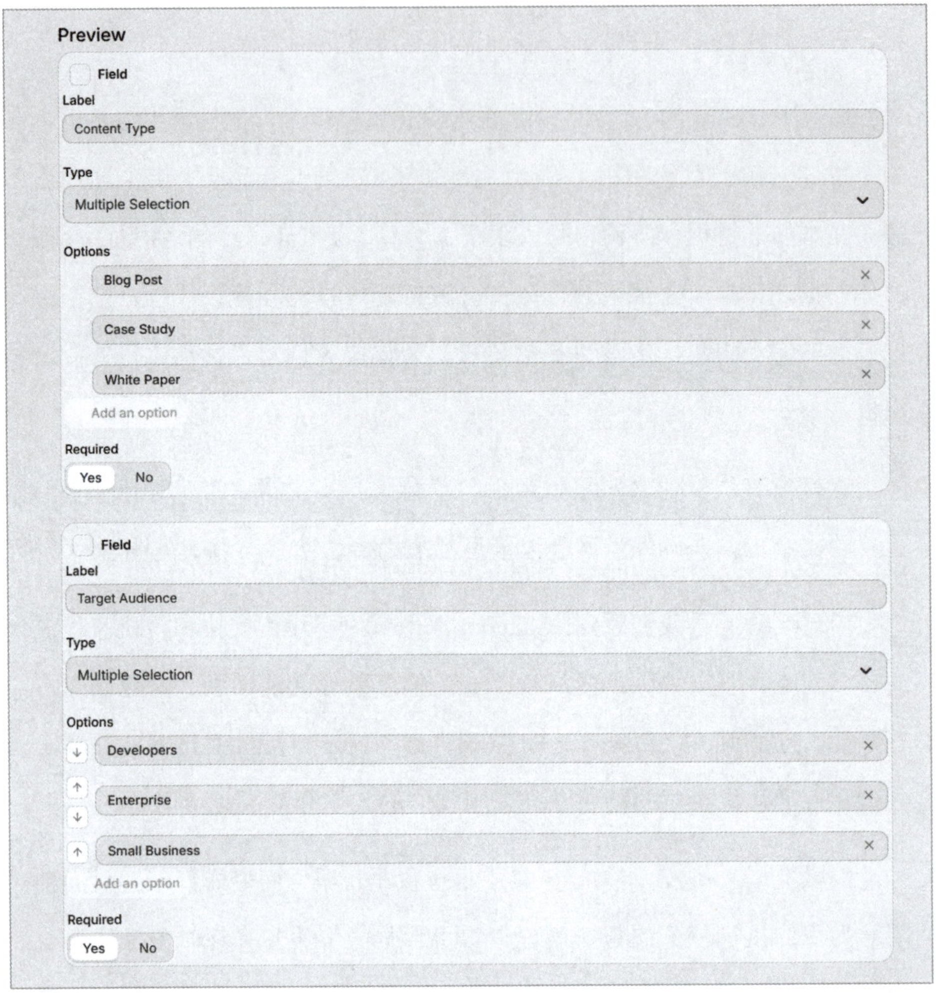

Preview

☐ Field

Label

Content Type

Type

Multiple Selection ⌄

Options

Blog Post ×

Case Study ×

White Paper ×

Add an option

Required

Yes No

☐ Field

Label

Target Audience

Type

Multiple Selection ⌄

Options

↓ Developers ×

↑
↓ Enterprise ×

↑ Small Business ×

Add an option

Required

Yes No

图 9.3

9.2　Canva：一句话帮你生成万千设计稿

你是否觉得，为自己的产品、服务或活动做张像样的海报，其门槛有点儿高？尤其做跨境电商的读者，还要针对不同国家文化准备不同语言、风格的素材，工作量之大简直难以想象，而很多营销计划往往会因为设计上的"卡脖子"而被拖延。

本节介绍大受欢迎的在线设计平台 Canva（见图 9.4），我们来看它如何变身成你的"AI 设计搭档"，特别是集成 AI 功能（如 AI 设计生成、文本翻译、文化适配建议、格式调整）后，它如何把复杂的设计和本地化工作变得像玩游戏一样轻松。Canva 可不是简简单单地帮你修图，它更像一个能理解营销目标和市场需求，并智能生成、调整设计方案的得力干将（见图 9.5）。

图 9.4

图 9.5

9.2.1 场景一：没有灵感，如何快速设计环保主题海报

你要推广一个跨境电商服装新品系列，主打环保理念，目标市场是欧洲年轻人，需要尽快为其中一款环保主题 T 恤设计一张吸引眼球的营销海报用于社交媒体推广。你大概确定采用环保风格，但具体呈现方式和使用哪些元素仍毫无头绪。

有了 Canva 的 AI 助手工具后，打开 Canva 官网，找到 AI 设计生成工具，输入需求："生成一张用于社交媒体的环保主题 T 恤营销海报，目标用户欧洲年轻人，风格体现环保、年轻、有活力。"

AI 助手立刻理解你的关键词和风格偏好，调用庞大的设计元素库和排版规则，快速生成几款不同风格的海报初稿（见图 9.6）。这些初稿通常已包含契合环保主题的视觉元素（如绿叶、地球、自然纹理）和符合年轻人口味的彩色字体。你可以从中选择最接近想法的一款，然后利用 Canva 强大的编辑器进一步微调——换图、调文字位置、改颜色、换字体……直到完全满意为止。

图 9.6

整个过程如同拥有一位随叫随到、创意无限的 AI 设计助理。你只需简述想法要求，它就能瞬间把抽象概念变成具体设计初稿，大大缩短了从零开始头脑风暴和搭建框架的时间。

9.2.2　场景二：一张多语言海报，翻译排版太折腾

你刚在 Canva 设计好一张产品推广海报，面向全球市场。现在需要把海报上的中文文案快速准确地翻译成英文、西班牙文和法文，并生成

对应语言版本的海报。

此时，只需在 Canva 中直接使用 AI 翻译工具，选中要翻译的文字，选择目标语言，点击"翻译页面"选项（见图 9.7），AI 助手就能迅速且准确地将文字翻译成目标语言。

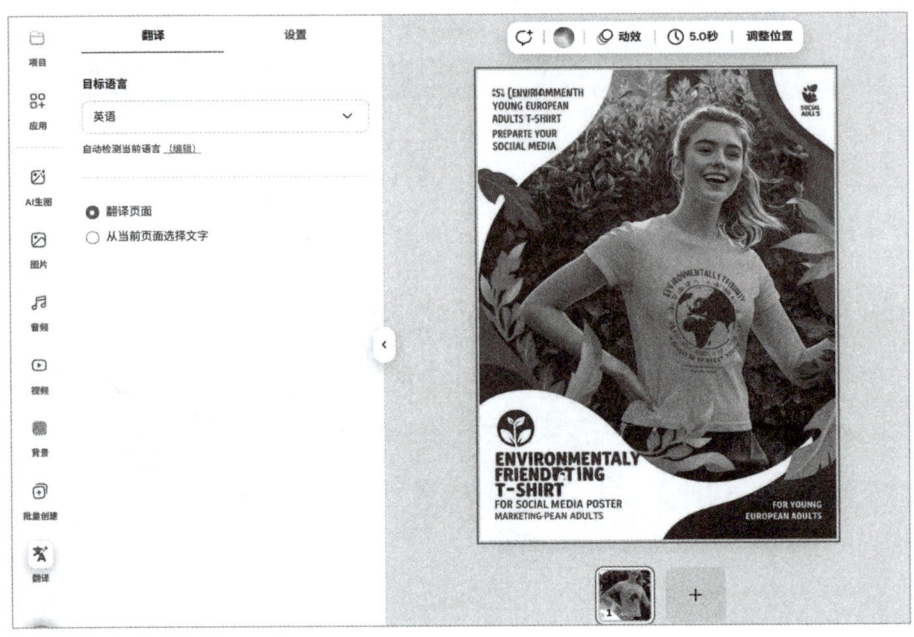

图 9.7

更妙的是，翻译后的文本会自动回填到原设计稿的位置，并智能适应文本框大小和布局。你无须再手动复制粘贴、调整排版，就会得到多语言版本的海报。这就像海报里嵌入了一个"多语言翻译官"，而且它能聪明地把翻译好的内容放回原位。它将枯燥、易错的语言本地化工作自动化，让你在极短时间内生成覆盖全球主要语言市场的营销素材。

9.2.3　场景三：不同文化市场怎么"入乡随俗"

你发现同一海报在不同国家的投放效果差异很大。也许某种颜色、符号或某类风格的图片在一个国家很受欢迎，但在另一个国家却显得突兀甚至有负面含义。你想让设计稿更接地气，可自己对各国文化差异了解有限。

有了 Canva 的 AI 文化适配建议（此功能是一种前瞻性假设）后，假如你在 Canva 上设定了目标市场，AI 在设计生成或调整海报时，会倾向使用符合该市场主流审美和文化习惯的颜色、字体，并可能建议使用契合当地语境和价值观的图片元素。

AI 在幕后默默运用了"全球文化图谱"，为你提供符合当地"潜规则"的设计稿，仿佛你的 AI 助手的头脑中有一本各国文化秘籍，能在设计中体贴地应用这些文化知识，让营销真正入乡随俗。

9.2.4　场景四：一键调整多尺寸，省时又不"破版"

你用 Canva 设计了一张精美海报，现在需要将它适配到各种自媒体平台和媒介上，例如，Instagram（竖版全屏）、Facebook（正方形或横版）等，而每个平台对图片尺寸比例有严格要求。

有了 Canva 的"Magic Resize"功能后，如图 9.8 所示，当设计完成后，使用该功能，选择目标尺寸，可一键生成特定尺寸的海报。

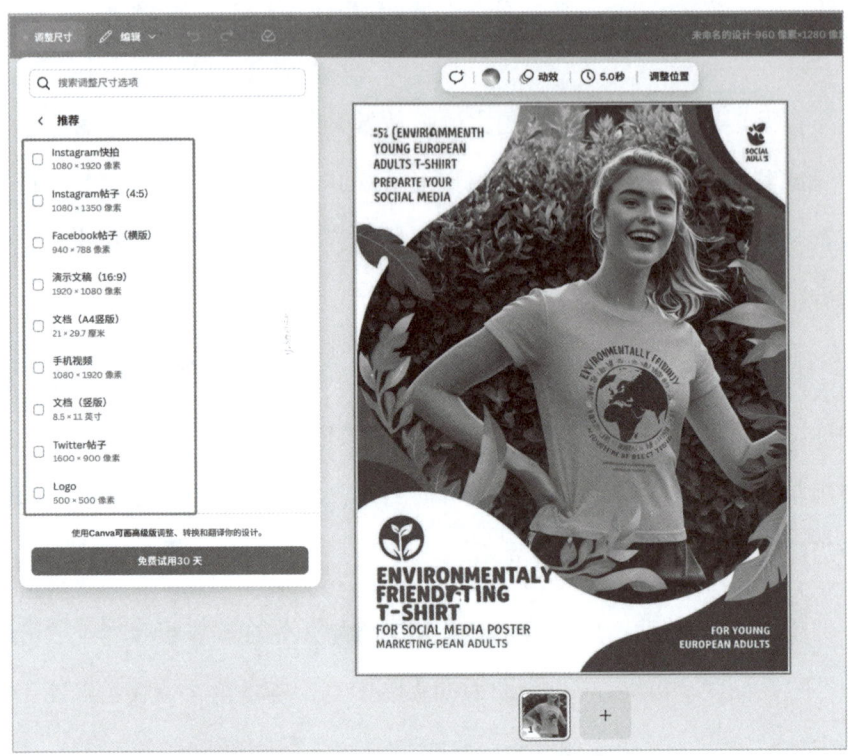

图 9.8

从这些应用场景可以看出，Canva 已经深度融入设计流程的各个环节
——从灵感激发、内容本地化、文化适配到尺寸调整。它不再是一个简
单的拖曳式设计工具，而是能够帮助用户完成从零到一的创意突破：不
仅能将灵感快速转化为初稿，还能自动处理翻译、尺寸适配等烦琐工作，
甚至针对不同文化背景提供优化建议。

9.3　YouLearn.ai：你也有自己的陪读伙伴了

你是否觉得，现在学习渠道多到爆炸：长视频、播客、文章、线下
报告，但真正"学进去"的效率却奇低？坐在电脑前刷半天视频，只记

住点儿皮毛；读完厚报告头昏脑胀，好像什么都没记住。所以说，被动接收信息既容易分心，又难以内化。

本节我们介绍 YouLearn.ai 平台（见图 9.9），看看它如何用 AI 把你从"被动学习"的泥潭里拉出来，让你变成主动高效的学习者。它不像传统学习工具，更像你的私人定制智能陪读伙伴，不管你抛给它什么样的学习材料，它都能帮你"啃碎消化"，甚至随时考你。

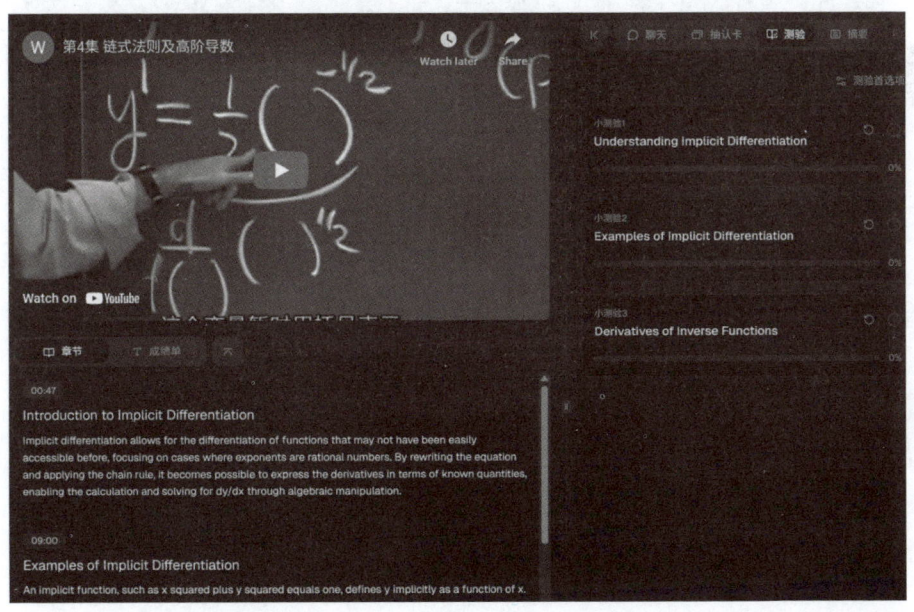

图 9.9

9.3.1　场景一：1 小时的英文技术类讲座视频，时间不够怎么办

张工程师需要迅速了解一项前沿技术，网上有一个 1 小时的英文讲座视频可供学习，其内容非常权威，但他项目在身，实在抽不出完整时间观看，更别提在听讲过程中还要暂停视频去查词、记笔记。

有了 YouLearn.ai 后，张工程师把视频链接"扔"给 YouLearn.ai（见图 9.10），它快速处理完视频内容后，张工程师就可以像和老师交流一样自由提问，"请总结核心技术原理。""讲座里提到的那个专业名词是什么意思？用大白话解释一下。""讲座提到未来这项技术的应用前景了吗？"

图 9.10

这种体验就像把视频"喂"给了一个超级助理，它替你听、替你看、替你理解。你不再被动地坐着看完，而是随时提问获取最需要的信息，或让它解释复杂概念。1 小时时长的视频，你可能只需 10 分钟就能掌握其核心要义。

9.3.2 50 页行业报告，如何快速抓住核心

王经理收到外部顾问写的一份行业分析报告，足足 50 页，图文并茂且专业。第二天开会就要讨论，他必须快速消化关键数据、核心趋势及

对业务的影响。王经理将报告上传到 YouLearn.ai，然后直接问，"这份报告最核心的三大发现是什么？""报告中提到的某数据是怎么得出的？依据是什么？""请详细解释第二部分关于对市场竞争格局的分析。"

这就像给厚重报告配了一个"智能解读器"。AI 不仅能几秒生成报告摘要，更能针对报告里的具体内容与你问答互动。你就像在和一位深谙这份报告的专家对话，把不理解的地方、想深挖的数据、需要验证的逻辑链一一问明白。

9.3.3　场景三：学完一堆东西，怎么知道真懂了

小李为准备某资格考试学习了很多课程和资料。他自认为掌握了全部知识点，但不确定是否真正"吃透"，还需要练习巩固和检验。小李把所有学习资料（视频、文档、笔记等）上传给 YouLearn.ai，然后要求："请根据这些资料，为我生成一套综合测试题（含选择题、填空题、简答题），重点考查某些知识点。"

顷刻间，YouLearn.ai 摇身变成了"专属命题老师"。它理解小李学过的内容，根据要求自动生成针对性测试题。小李做完后，它还能批改，解释错题原因，甚至根据小李的表现推荐他回顾哪些部分。也就是说，它能基于小李的学习内容量身定制测试题和给出反馈。这不是大众题库，而是完全基于个人学习路径而定制的"智能陪练"。

看完这些场景你会发现，YouLearn.ai 的强大在于彻底改变了我们与学习内容的交互方式，它超越了传统工具，成为主动帮你消化信息、构建知识体系的智能助手。在信息爆炸、知识快速迭代的今天，拥有这样

一个能帮你高效吸收所有知识的"数字导师"，其价值不言而喻。它让你从信息洪流中解脱出来，成为真正的学习主导者。

9.4　Fitbod：你的贴身健身私教

你是否经常觉得，一走进健身房就有点儿迷茫：各种器械琳琅满目，不知道该练哪块肌肉、做多少组训练、用多大重量的器械；有时，跟着网上的通用计划练了一阵儿后，感觉遇到瓶颈不知如何突破？又有时，身体有点儿累或酸痛，又不确定今天训练该怎么调整。

本节，我们来了解 Fitbod（见图 9.11）如何通过 AI 将这个复杂的健身决策过程自动化。它可不是丢给你几个大众训练计划那么简单，它更像你的贴身健身私教，能够根据你的实时状态和历史数据，"算出"最适合你当天的训练方案。

图 9.11

9.4.1　场景一：走进陌生酒店健身房，手足无措

你出差住酒店，酒店健身房器械种类有限，和你平时熟悉的健身房很不一样。你想锻炼，但面对仅有的几台器械和几副哑铃，不知道如何组合出有效的全身训练计划。有了 Fitbod 的智能器械适配功能后，你打开 Fitbod APP，勾选当前健身房里可用的器械，Fitbod 立即根据这些器械信息、你的训练目标、近期训练记录和身体恢复状况，实时生成一套既能充分利用现有器械又能有效刺激目标肌群的训练计划。

这就像 Fitbod 能"看懂"你身处的环境，并在你拥有的资源的范围内为你规划最优解。不管是只有一对哑铃、一张瑜伽垫的酒店房间，还是社区健身角，Fitbod 都能帮你找到高效练习方式，让你告别"器械焦虑"。它不仅提供计划，还能理解你的约束条件（可用器械），然后基于这些约束和你的个人情况，动态生成可行的训练方案。这是一种非常智能的问题解决过程。

9.4.2　场景二：全身酸痛，明天还要练吗

你前两天刚进行了一次腿部力量训练，现在大腿肌肉还很酸痛。但你今天又想健身，可又怕练到尚未恢复好的部位，导致受伤或过度训练。究竟是休息一天，还是练其他部位呢？而练哪些部分才安全有效呢？

Fitbod 具备肌肉疲劳追踪功能，会根据你每次完成的训练情况（需在 APP 里记录）跟踪身体各肌群的疲劳和恢复程度（见图 9.12）。当你打开 APP 准备制订今日计划时，Fitbod 会优先避开那些仍在恢复期的肌群，推荐那些已充分休息、适合当天训练的肌群。

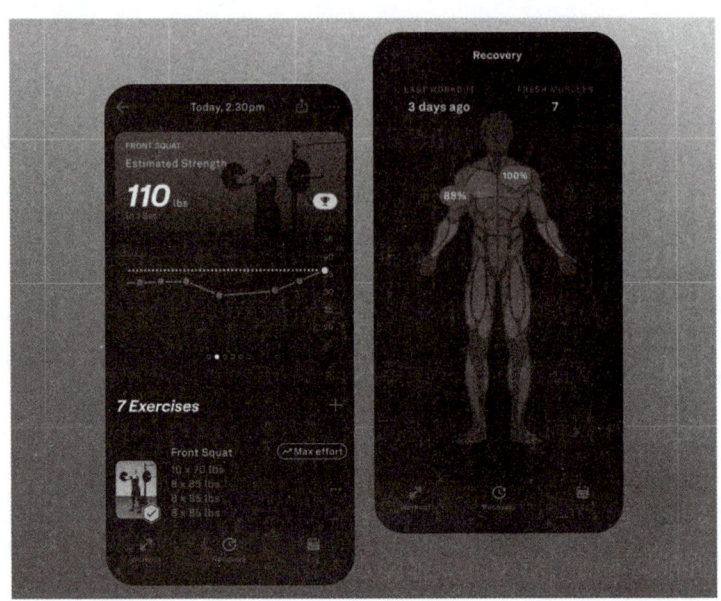

图 9.12

仿佛 Fitbod 长了一双"透视眼"，能看到你体内的"恢复地图"。它不像通用计划那样死板地要求你每周练腿两次，而是在你练过腿后智能判断恢复进度，可能几天内都不会再安排高强度腿部训练，而是建议练手臂、肩膀或核心肌群。这样，你既保持了训练频率，又确保身体得到了充分恢复。

所以，它不是机械执行一套计划，而是学习你的训练数据、理解你的身体状态（通过疲劳模型），然后动态调整安排，确保训练既有针对性又科学安全，这是真正对个体化需求的深度响应。

9.4.3　场景三：总是重复相同动作，进步停滞

你健身已有一段时间，但感觉自己总做那几个熟悉的动作，身体陷入了"平台期"，肌肉增长和力量提升停滞。你希望身体状态能更上一

个台阶，但不知道该如何增加训练难度或调整训练组数。

　　而 Fitbod 在给你生成训练计划时，并非随机选动作。它会考虑你过去的训练表现：当你能轻松完成某个动作的既定组数或重量时，它会智能建议下次增加次数或重量，实现渐进超负荷（见图 9.13）训练。同时，它会不断推荐新的动作——通过不同角度锻炼相同肌群，从而丰富训练的多样性。

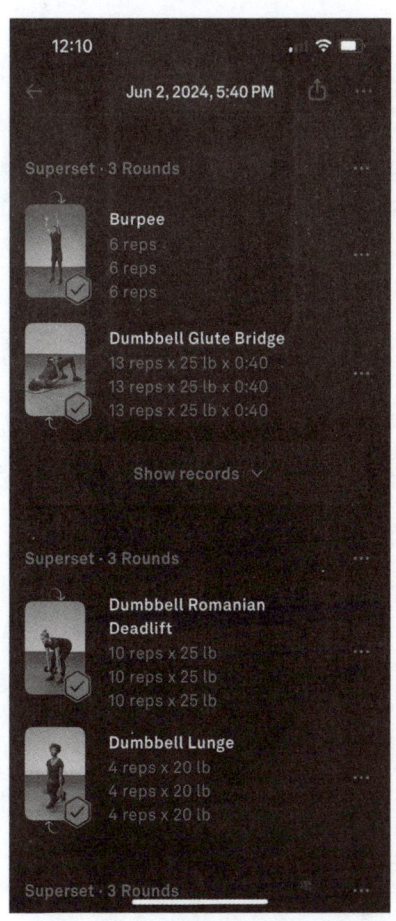

图 9.13

这就像 Fitbod 在持续观察你的"学习进度"和"能力值"，不断给你布置升级任务和新挑战。它记住你擅长什么、弱项在哪儿，并有针对性地调整计划，确保你的身体持续受到新刺激、不断进步。

从以上场景可见，Fitbod 最厉害的地方在于，通过 AI 将"为你定制最佳训练计划"这一复杂且需专业经验的任务自动化了。它不只是信息提供者，更是一个能收集信息、分析决策并指导你行动的智能系统。它大大降低了健身的门槛，让你不必成为半个健身专家也能享受专业、个性化的训练指导。

9.5 TalkPal：角色扮演陪你练外语

你是否有这样的经历：英语（或其他外语）学了多年，单词语法背了一大堆，阅读听力也尚可，但一到开口就发怵，脑子里憋半天，说出来还是磕磕巴巴，总觉得不够地道。想找人练口语，要么时间对不上，要么怕说错丢脸，导致进步缓慢。口语练习难就难在缺乏足够、真实、即时、无压力的环境，尤其缺少一个能随时纠正你，教你地道表达，还愿意和你围绕特定话题深入交流的"陪练"。

本节我们介绍 TalkPal（见图 9.14），看它如何为你搭建一个随时待命的"沉浸式语言练习场"。它可不是和你对几句预设台词那么简单，它更像一个能听懂、能理解、能反馈并能引导你的智能语言教练，帮你告别"哑巴外语"的困境。

图 9.14

9.5.1　场景一：明天要开全英文产品发布会，想练地道表达

明天要开全英文产品发布会，小李要用英文介绍公司最新产品功能。他写好了英文稿，但觉得有些句子不够地道，还担心临场发挥时卡壳。想临时找母语为英文的同事陪练，但大家都忙，而且在和真人练习时他总有点儿紧张。

有了 TalkPal 情境对话练习功能后，小李打开 TalkPal APP（见图 9.15），选择"模拟面试"或"商务沟通"模式，或者直接定制一个主题对话："我想用英文介绍我们新产品的功能，它是一款智能家居设备。"TalkPal 会立刻扮演成一个听众（比如潜在客户或同事），以非常自然的语速和小李对话。

小李开始用英文介绍产品，TalkPal 能实时听懂他的讲述并给予反馈：如果语法错了，TalkPal 立即指出错误并提供正确说法；如果表达不够地道，它会建议更自然的表述；如果小李一时语塞，它会耐心等待或用提问形式引导他继续。对话过程中，TalkPal 还会根据小李的内容提出相关问题和追问细节，通过真实互动模拟，促使小李即时思考和回应。

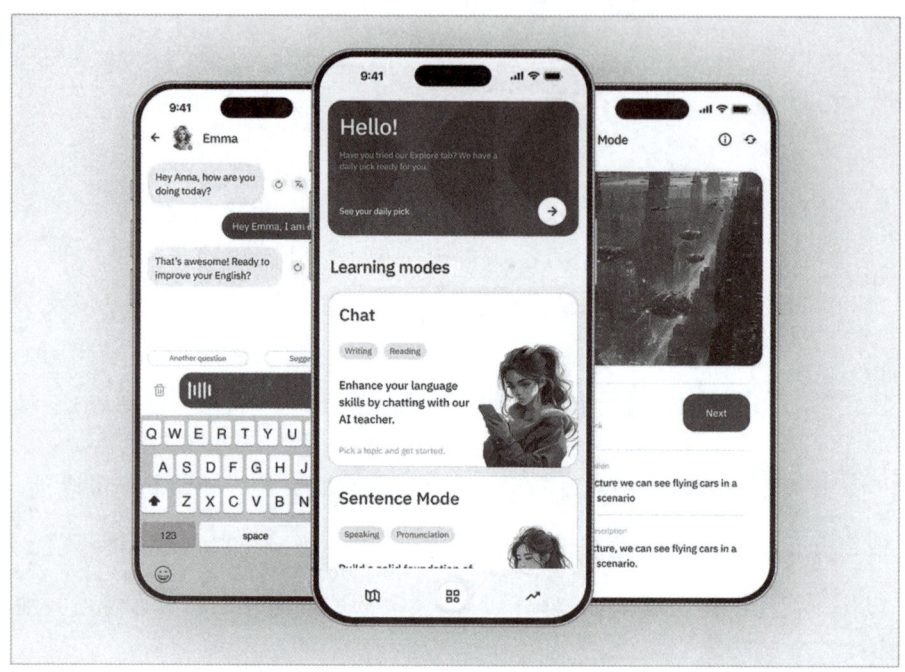

图 9.15

这就像你拥有了一个 24 小时待命的"母语级对话伙伴"，而且它自带"纠错雷达"和"反馈系统"。与你和真人练习不同，在 AI 面前你没有压力，可以大胆开口——说错了也会被温柔地及时纠正，顺便学到最地道的表达。

9.5.2 场景二：读了一篇英文新闻稿，想深入讨论观点

王同学读到一篇关于气候变化的英文新闻稿，想深入理解文章的观点和相关词汇，还希望用英文表达自己的看法以巩固所学，但他找不到

合适的人讨论。

而 TalkPal 则具备主题讨论功能，王同学将新闻内容或链接复制给 TalkPal 后，提出请求："我读了这篇文章，我们来用英文聊聊气候变化吧，尤其是文中提到的解决方案。"TalkPal 会基于文章内容和提出的请求，发起一场有深度的对话。它可以引用文章观点，提出开放性问题，引导王同学用英文表达看法、分析论点。讨论过程中，它同样提供实时反馈，帮助王同学更准确流利地表达复杂观点。

它就像一个极有耐心、见多识广的"讨论伙伴"，让王同学在真实语境中巩固新知。这样，原本枯燥的阅读变成了生动的实践，王同学通过实际运用真正掌握了知识。

9.5.3　场景三：总犯同样的发音错误，没人细纠

正确发音对学英语很重要，但许多非母语者都有固定的发音盲区：自己听不出来，别人也少有机会仔细纠正，导致某些发音一直错，影响沟通。

而 TalkPal 具备智能发音分析功能，它在与你对话的过程中，不仅关注你的语法和用词，也会实时分析你的发音（见图 9.16）。如果检测到某个单词发音不标准，它会立刻反馈，可能用文字说明发音要领，也可能直接播放标准发音音频供你模仿。

某些高级功能甚至可以可视化显示你的发音波形，并与标准发音对比，让你直观看到问题所在。就好比你每次开口，都有一个耳朵极灵敏且懂发音技巧的"语音分析师"在监听。它能精准定位你的发音问题，提供即时具体的指导，让你在真实对话场景中不断优化发音。

图 9.16

从以上场景我们看到，TalkPal 将 AI 能力集中在语言学习最关键的环节：真实、个性化、即时的口语互动与反馈。它打破了传统语言学习中时间和空间的限制，以及对真人语伴的依赖。它利用 AI 强大的理解和生成能力，为你量身打造了一个高频、高效、无压力的口语实践环境。你不再是课本知识的被动接收者，而成为语言的积极使用者和探索者。

9.6　mindtrip：你的 AI 旅行管家

你是否也发现，规划一次自由行有时比上班还累？要打开无数网站和 APP，看攻略、挑酒店、订机票、查景点评价，碎片信息多到让人眼花。而好不容易拼出行程，又总担心是不是哪里考虑不周。传统旅行规划就像在巨大的信息迷宫里靠人力找一条最优路径。

现在，我们来看 mindtrip（见图 9.17）如何变身为你的"专属 AI 旅行规划师"，把你从这场信息大战和选择困难中解脱出来。它不是简单推荐几个热门景点，更像一个能听懂你的旅行偏好、理解各种复杂约束、智能构建并优化行程的得力助手。

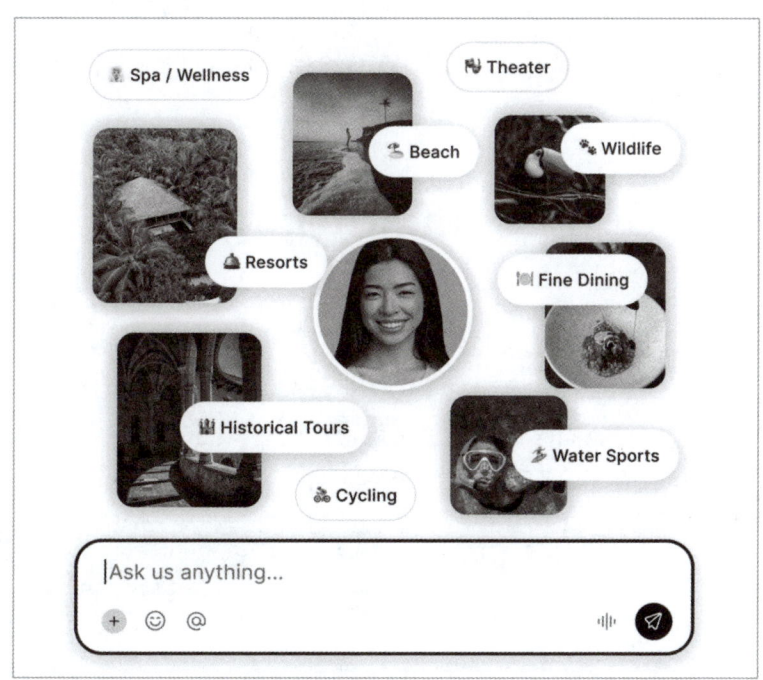

图 9.17

9.6.1　场景一：全家老小第一次去陌生城市，行程怎么安排最合理

你计划带父母和孩子去日本某城市玩一周。第一次去，对当地完全不熟，需要兼顾老人的体力和喜好（不适合频繁换乘、行程不能太紧凑）、照顾小朋友的兴趣（要安排有趣的活动或景点），还想把分散各处的著

名景点和美食都串联起来，交通尽量方便。手动查每个景点开放时间、交通路线、门票价格，以及景点间的距离和游玩顺序……是不是想想都让人头大。

打开 mindtrip（见图 9.18），直接告诉它你的旅行时长（如一周）、目的地、同行者构成（有老人和小孩）、大致兴趣偏好（例如，喜欢自然风光、当地美食、特色体验），以及行程偏好（节奏舒缓、尽量少换乘）。

图 9.18

mindtrip 立刻整合目的地海量的景点、餐厅、交通方式、各景点开放时间等数据，理解你输入的各种"约束条件"（老人、小孩、节奏缓慢等）。然后，它智能地为你生成一份每天行程安排草稿。mindtrip 除了给出景点列表，还考虑了景点间距离，以及优化了交通路线，避开高峰时段，并根据你的同行者特点推荐合适的活动和餐厅。

比如，它可能安排第一天去轻松的公园和博物馆，第二天选择交通便利且有儿童设施的景区，第三天规划一次照顾老人耐力的短途周边游……整个行程充分考虑了所有复杂因素。这就像你的需求被一个超级聪明且熟知当地状况的向导"听到了"。它立即在头脑里跑起复杂算法，为你绘制出一条满足所有人需求且实际可行的最优路线图。

9.6.2　场景二：行程过半突遇下雨或景点闭馆，怎么办

你的自由行计划原本天衣无缝，但进行到第二天早上，外面突然下起大雨，原定的户外活动泡汤，你又兴冲冲赶到一家博物馆，发现今天临时闭馆维修。你需要马上找到替代方案，而且这个方案还能无缝接入后续行程，不影响整体安排。

有了 mindtrip 的动态行程调整功能后，你在 mindtrip APP 中将原计划要去的某景点标记为"无法进行"，然后提出新需求："下雨了，需要找一个附近的室内活动场所，且不影响下午去下一个目的地。"

mindtrip 立刻理解了你的"突发状况"和"新约束"条件。它实时搜索附近合适的室内景点、商场、咖啡馆或展览馆，评估这些替代选项与你当前所在地的距离、交通便利度，以及与后续行程的衔接度。接着，它为你生成一两个最优替代方案，并自动调整整个行程的后续时间安排，确保总体依然流畅，这就像你在旅行过程中有一个随时待命的"应急指挥中心"。它感知到计划执行中的"异常"，理解你给出的"修正指令"，迅速提供一个能无缝融入现有行程框架的解决方案，让你在旅途中应对变化时不再手忙脚乱。

9.6.3   场景三：想体验当地特色，如何避开游客陷阱

你来到一座以美食闻名的城市，希望能够去当地人常去的特色餐馆吃饭，而不是去游客区那些味道一般、价格虚高的饭店。你也想逛逛当地市集，去一些小众文化场所，体验真正的当地生活。

有了 mindtrip 的个性化深度推荐功能后，除了常规景点，你可以告诉 mindtrip（见图 9.19），想要"像当地人一样体验""找地道风味小馆""逛当地特色市集"等。

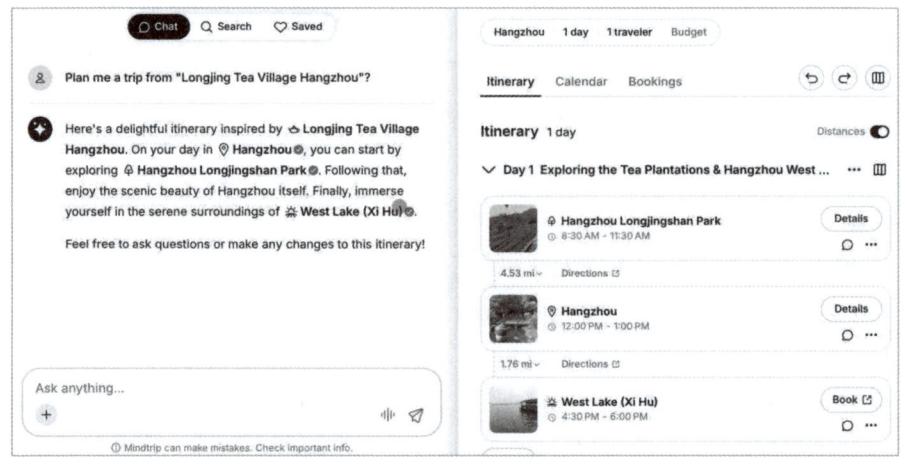

图 9.19

mindtrip 不仅掌握大量结构化景点数据，还学习了海量游记、当地攻略，甚至社交媒体上的口碑信息，能够洞悉那些隐藏在主流信息之外、真正有特色的地点与活动。它综合分析这些数据，结合你的旅行时间、地理位置，为你推荐那些大众旅游指南上没有却深受当地人喜爱的地方。

比如，推荐你去某个居民区的老字号面馆，告诉你周末限定的创意

市集，或指引你找到一条风景优美的散步小径。换言之，它提供的不只是显而易见的"热门"信息，还挖掘出更深层、更个性化的当地宝藏，并根据你的偏好呈现给你。仿佛你的 AI 规划师具备了"人文关怀"和"探索精神"，帮助你设计更真实、更独特的旅程。

通过这些场景你会发现，mindtrip 的价值在于它将旅行规划中那些最让人头疼、最耗费精力的部分，通过 AI 实现了智能化、自动化。有了它，你无须再扮演信息收集者、协调员、计算器和应急方案制定者。它就像一个能听懂你的需求、理解世界复杂性，并在各种限制条件下替你找到最佳路径的智能伙伴。

后记

　　当我们站在人工智能发展的历史转折点上回望来路，我们已经见证了从简单规则系统到神经网络，再到大语言模型和智能体的漫长跨越，而这个过程和人类的进化史也有异曲同工之妙（见图 1）。如今，通用人工智能的晨光已经在地平线上初现，而"协同智能"作为人类与 AI 共创未来的新范式，正展现出无限可能。

图 1

从对立到共生：重新定义人机关系

长期以来，关于 AI 的讨论常常陷入二元对立的窠臼：AI 是威胁还是工具？是取代还是增强？这种思维框架限制了我们对未来的想象。协同智能时代提供了一种新视角——AI 与人类不是简单的替代关系，而是共生共进的合作伙伴。

正如我们在本书所述的智能体系统所展现的，当人类的创造力、价值判断和情感智慧与 AI 的计算能力、记忆容量和模式识别优势结合时，双方都能突破各自的局限。在未来的工作场景中，AI 不再是冰冷的程序，而是能够理解背景、适应需求并提供洞见的协作伙伴。

赋能而非替代：人类潜能的新边界

未来十年，我们可能有望见证协同智能在以下领域催生革命性变革。

- 科学发现：智能体能够快速筛选假设、设计实验和分析数据，而人类科学家则负责提出创新问题和解释意外发现。

- 教育变革：个性化教育不再是奢侈品，每个学习者都能获得量身定制的学习路径和实时反馈，教师则转变为学习设计师和情感指导者。

- 医疗革新：AI 不只是诊断工具，而是医患沟通和治疗计划的积极参与者，与医生协同工作，共同提升医疗质量和人性化关怀。

- 创意产业：AI 不会取代艺术家，而是提供新的创作媒介和灵感来源，拓展人类审美和表达的边界。

未来已来：我们共同的责任

协同智能时代已经开启，这既是技术发展的必然趋势，也是人类社会的集体选择。在这个关键的历史节点上，每个参与者——技术开发者、政策制定者、教育工作者和普通公民——都肩负着塑造这一未来的责任。

站在这个技术与人文交汇的时代拐点，我们有理由对未来充满期待：协同智能将成为人类集体智慧的新形式，帮助我们应对气候变化、疾病、资源短缺等全球性挑战，共同创造一个更加公平、可持续和充满活力的世界。